高等职业教育教材

实验室安全手册

李辉 曹静 张洋铭 主编

化学工业出版社

·北京·

内容简介

《实验室安全手册》是学校实验实训室进行通用类安全培训及安全准入考试的教材。本手册从树立实验室安全意识和安全理念开始，依次介绍了实验室安全基本要求和安全防护等基础知识、实验室危险源管理、网络信息安全、环保安全、事故应急和高校典型安全案例与警示分析等，使读者一目了然、防微杜渐。

《实验室安全手册》兼具理论知识和实操技术，可作为高等职业院校安全教育的通识教材，也可作为实验室安全培训的教材，还可供实验室管理人员阅读参考。

图书在版编目（CIP）数据

实验室安全手册/李辉，曹静，张洋铭主编．—北京：化学工业出版社，2022.9（2024.2重印）
高等职业教育教材
ISBN 978-7-122-42044-2

Ⅰ．①实… Ⅱ．①李… ②曹… ③张… Ⅲ．①实验室管理-安全管理-高等职业教育-教材 Ⅳ．①G311

中国版本图书馆CIP数据核字（2022）第153643号

责任编辑：满悦芝	文字编辑：刘洋洋
责任校对：田睿涵	装帧设计：张　辉

出版发行：化学工业出版社（北京市东城区青年湖南街13号　邮政编码100011）
印　　装：北京天宇星印刷厂
787mm×1092mm　1/16　印张13½　字数351千字　2024年2月北京第1版第3次印刷

购书咨询：010-64518888　　　　　　　　　　　售后服务：010-64518899
网　　址：http://www.cip.com.cn

凡购买本书，如有缺损质量问题，本社销售中心负责调换。

定　　价：35.00元　　　　　　　　　　　　　　　　　　版权所有　违者必究

本书编写人员名单

主　编　李　辉　曹　静　张洋铭
其他编写人员
　　　　　　王彦青　陈　月　孙圣峰

前言
FOREWORD

实验室是高校的重要组成部分，是对学生实施综合素质教育，培养学生实验技能、知识创新和科技创新能力的平台，也是教师开展科学研究和提供社会服务的必要场所。实验室的日常安全关系到高校的和谐稳定与持续发展，关系到师生员工的生命健康、财产安全，是建设"平安校园、和谐社会"的重要内容之一。

党的二十大报告指出，提高公共安全治理水平。坚持安全第一、预防为主，建立大安全大应急框架，完善公共安全体系，推动公共安全治理模式向事前预防转型。这为实验室安全及管理指明了前进方向，同时提出了更高要求。

实验室安全涉及人身、化学品、防火防爆、用水用电、实验操作、仪器设备、辐射、危险废物处置与环保、科研成果保密、物资财产防盗等诸多方面，是高等学校实验室建设与管理的重要组成部分，也是校园安全教育与文化培养的重要组成部分。随着高等学校的快速发展，办学规模的不断扩大，实验室安全问题也日益严峻。某些高校实验室安全事故频发，轻者造成实验仪器、设施损坏，实验进程中断，重者造成实验人员伤亡，同时对出事校方、院系也造成不良的社会影响。

为使实验室工作有法可依，确保教学与科研工作的安全顺利进行，让广大师生员工树立正确的安全理念，科学有序地进行实验教学与管理工作，实验与计算中心组织专业人员编写了《实验室安全手册》。本手册集实验室专业理论知识与实际操作于一体，旨在树立"以人为本、安全第一、预防为主"的理念，让师生科学、规范地进行实验操作，最大限度地降低安全风险、避免实验室安全事故发生，确保学校教学、科研工作顺利开展。手册全面地介绍了实验实训室的基本安全知识，在对实验室潜在的危险、有害因素辨识的基础上，采用图片与文字结合的形式，针对典型的、常见的错误操作进行纠正对比与说明，指导实验室各类人员科学地进行实验，规范化操作。本手册共分 6 章内容：第 1 章从树立实验室安全意识和实验室安全理念开始，依次介绍实验室安全基本要求、水电安全、消防安全、安全标识以及安全防护知识；第 2 章介绍实验室信息安全、数据安全、网络安全和计算机操作安全；第 3 章介绍"化学品、仪器设备、辐射、生物和激光"等 5 个危险源安全；第

4 章介绍实验室废物的分类收集、储存、转运和安全处置方面的环保安全；第 5 章介绍实验室常见事故类型和相应的应急处理方法；第 6 章总结近年高校典型安全案例与警示分析，期望读者能从中吸取相关教训，提高安全意识与安全防护应急技能，避免类似事故发生。本手册附录包含《教育部关于加强高校实验室安全工作的意见》、盘锦职业技术学院安全责任体系和相关管理制度等。本书具体分工如下：第 1 章，李辉、曹静；第 2 章，王彦青；第 3 章，李辉、孙圣峰；第 4 章，曹静；第 5 章，孙圣峰、张洋铭；第 6 章，陈月；附录，李辉、张洋铭、曹静；李辉进行了统稿工作。

本手册可作为高职高专院校医疗护理、石油化工、工程建筑和机械自动化等专业的教材，也可作为相关企业、科研工作者和实验室工作人员的实验室安全管理与培训参考用书。

本手册在编写过程中得到了学校与教务处领导、实验中心负责人和相关二级教学单位负责人的大力支持，尤其得到了君源 LAB-HSE 实验室健康安全环境管理培训专家陈坚老师的指导帮助，在此谨表真诚的谢意！

由于编者水平有限，对书中不妥之处，恳请广大读者批评指正。衷心希望各位老师和同学能够强化安全意识，提高安全防范和自救能力，从关爱自我做起，携手共创平安校园、共建和谐社会！

目录
CONTENTS

第1章　实验室安全基础　　1

1.1　实验室安全理念 …………………………………………… 1
1.2　实验室安全基本要求 ……………………………………… 9
1.3　实验室水电安全 …………………………………………… 16
1.4　实验室消防安全 …………………………………………… 18
1.5　实验室安全标识 …………………………………………… 30
1.6　实验室个体防护 …………………………………………… 39

第2章　实验室信息技术安全 　　49

2.1　信息安全 …………………………………………………… 49
2.2　数据安全 …………………………………………………… 55
2.3　网络安全 …………………………………………………… 57
2.4　计算机操作安全 …………………………………………… 69

第3章　实验室危险源安全 　　82

3.1　化学品安全 ………………………………………………… 82
3.2　仪器设备安全 ……………………………………………… 93
3.3　辐射安全 …………………………………………………… 123
3.4　生物安全 …………………………………………………… 127
3.5　激光安全 …………………………………………………… 128

第4章　实验室环保安全 　　131

4.1　环境污染物质概述 ………………………………………… 131
4.2　危险废物的起源与危害 …………………………………… 133

4.3 实验室危险废物 …………………………………………… 135
4.4 实验室废物的收集与处置原则 …………………………… 141
4.5 实验室危险废物的安全处置 ……………………………… 145

第 5 章　实验室安全应急　153

5.1 实验室安全应急设施与预案 ……………………………… 153
5.2 实验室应急准备 …………………………………………… 155
5.3 实验室事故应急处理 ……………………………………… 156
5.4 实验室急救技术基础 ……………………………………… 163

第 6 章　高校实验室典型安全案例警示与分析　169

6.1 高校实验室典型安全案例警示介绍 ……………………… 169
6.2 高校实验室典型安全案例分析 …………………………… 177

附　录　182

附录 1　高校实验室国家安全规范指南 ……………………… 182
附录 2　盘锦职业技术学院安全责任体系 …………………… 184
附录 3　实验室安全职责 ……………………………………… 187
附录 4　实验室安全操作规程 ………………………………… 188
附录 5　实验室安全管理制度 ………………………………… 191
附录 6　实验室安全承诺书 …………………………………… 206

参考文献　207

第 1 章

实验室安全基础

高校化学实验室是开展实验教学及科学研究的重要场所，同时也是高校培养学生实践能力、创新意识、专业素养的必备场所，在实践育人和人才培养方面发挥着越来越重要的作用。在应用型人才培养的背景下，实验室的使用频率更高，人员流动性更大，危险因素更多，一直是高校安全管理的重点场所。虽然各高校都有比较完善的实验室管理规章制度，对实验室的管理也越来越严格，但因个别人员安全意识不足，安全理念缺乏，隐患识别、安全防护与应急措施落实不到位，造成实验室安全事故，有的甚至造成人员伤亡与经济财产损失，高校实验室安全管理已越来越成为高校的一项重点和难点工作。因此高校实验室只有建立完善的实验室安全保障体系，明确实验室安全责任分工，做好安全教育培训，才能最大限度地降低安全风险，更好地为应用型人才培养服务。

本章首先由实验室安全意识的重要性开始，依次介绍了实验室安全理念、实验室基本安全要求、水电安全、消防安全、安全标识和个体防护等实验室安全基础规范，旨在帮助实验室相关工作人员掌握扎实的安全基础知识，做好实验室安全保驾护航基础工作。

1.1 实验室安全理念

1.1.1 实验室安全意识的重要性

(1) 安全意识是实验室人员必备的科学素质

实验室安全问题的提出由来已久。尽管高等院校和科研院所都日益重视实验室安全，但重视的普遍性和长期性不够。初进实验室的人员在之前的种种警告之下，会格外小心谨慎，久而久之有些人却"习惯成自然"，对实验室安全置若罔闻或走形式。然而实验室大部分安全事故都是由相关人员的疏忽而造成的，根源是个别实验室指导教师、操作学生和管理人员没有树立起真正的安全意识。由于缺乏安全意识，教师和学生在做实验或科学研究时，遇到相关问题就会缺乏思考，由此酿成祸患。

简单的安全问题可以通过开会和墙上的制度文件进行教育，深入隐藏的安全问题则需要由安全意识来提醒（图 1-1）。有了安全意识，就会把安全问题放在首位，没有安全意识为实验室安全保驾护航，教学、科研成果也无法立足，甚至有可能带来更多的安全事故。

彩图

图 1-1

安全意识是实验室相关人员必备的科学素质，也是全民都应该具备的科学素质，树立良好的安全意识，接受安全教育培训会使高校学生终身受益，也会给国家建设带来裨益。具有安全意识的学生，无论走到哪个行业的工作岗位，都会给工作带来益处，安全意识的树立对提升国民的科学素养具有积极的推进作用。

（2）如何树立实验室安全意识

首先，要明确实验室安全责任体系和相关规章制度（见附录）。在实验室安全规章制度面前人人平等，无论学生还是老师，不管是长期还是短期在实验室工作或者是临时到实验室做实验，只要计划在实验室里开展实验工作，都应该自觉接受和认真参加相应的安全培训及考核。

其次，要明确实验室安全理念和安全教育内容。实验室安全教育的内容和形式应体现"以人为本"的理念。安全教育的目的在于"为大家提供一个安全的工作环境"，每个人天生就知道如何进行安全防护，但问题是人们不可能就他们意识不到的潜在危险进行防范。安全教育的目的是保障人的安全，我们应该切实意识到进行实验室安全教育培训是为了自己的安全以及在实验室工作的老师和同学的安全，我们应为了解实验室潜在的危险和防护方法进行安全培训学习。尤其值得强调的是，如果认为事故态势超出自己的控制能力，应迅速离开，去最近的电话地点报警求助，同时要及时通知附近的人员撤离，在力所能及的情况下保护好自己、保护好其他人，而不是简单地舍弃生命来保护财产。尊重人的生命，以人的安全为本，要从内心愿意去了解相应的安全事项。

最后，进行安全监督检查与考核评价。实验室安全管理是学校管理中的重中之重，为保障校园安全稳定和师生生命安全，在实验室安全管理要素的基础上，实施实验室自我约束和自我检查的方法，是提升实验室管理水平和人员素质的有效方法。把实验室安全意识作为教学指导教师、科学研究人员和接受教育的学生应该具备的基本素质，这样科学研究与教学工作才能更安全，才能有一个更好的工作环境。实验室安全培训内容要具体，针对性要强，不应泛泛而谈，针对不同专业和研究方向应进行不同的安全教育、制定不同的考核评价体系。

1.1.2 实验室"四不伤害"准则

安全不仅仅是一个人的事,还是团队的事,不仅自己要注意安全,还要保护团队其他成员不受伤害。明确实验室安全理念即明确实验室"四不伤害"准则:不伤害自己,不伤害他人,不被他人伤害,保护他人不受伤害。

怎样才能在实验操作过程中做到四不伤害呢?

首先在实验前思考:① 我是否了解这项工作任务,我的责任是什么?② 我具备完成这项工作的技能吗?③ 这项工作有什么不安全因素,有可能出现什么差错?④ 万一出现故障我该怎么办?⑤ 我该如何防止失误?对这5个问题做到心中有数后,从实验前的准备工作开始,做好以下"四不伤害"的24条提示(图1-2)。

彩图

图 1-2

(1) 不伤害自己

安全是学校正常运行的基础,也是每个人家庭幸福的源泉,有安全,美好生活才有可能!所以实验室安全首先要保证自己不受到伤害。

不伤害自己就是要提高自我保护意识,不能由于自己的疏忽、失误而使自己受到伤害。它取决于自己的安全意识、安全知识、对工作任务的熟悉程度、岗位技能、工作态度、精神状态、作业行为等多方面因素。

第一,保持正确的工作态度及良好的身体心理状态,保护自己的责任主要靠自己(图1-3)。

第二,掌握所操作设备的危险因素及控制方法,遵守安全规则,使用必要的防护用品,不违章作业(图1-4)。

图 1-3　　　　　　　　　　　　图 1-4

第三，任何活动或设备都可能存在危险性，要确认无伤害威胁后再实施，三思而后行（图1-5）。

第四，杜绝侥幸、自大、逞能、想当然心理，莫以患小而为之（图1-6）。

图 1-5　　　　　　　　　　　　图 1-6

第五，积极参加安全教育训练，提高识别和处理危险的能力（图1-7）。

第六，虚心接受他人对自己不安全行为的纠正（图1-8）。

图 1-7　　　　　　　　　　　　图 1-8

（2）不伤害他人

他人生命同样宝贵，不应该被忽视，保护同伴是我们应尽的义务。不伤害他人，就是自己的行为或行为后果不能给他人造成伤害。在多人同时作业时，由于自己不遵守操作规程，

对作业现场周围观察不够以及自己操作失误等,自己的行为可能对现场周围的人员造成伤害。因此,应该做到以下几点:

第一,自己的活动随时会影响他人安全,尊重他人生命,不制造安全隐患(图1-9)。

彩图

图1-9

第二,对不熟悉的活动、设备、环境要多听、多看、多问,经必要的沟通协商后再做(图1-10)。

彩图

图1-10

第三,操作设备尤其是启动、维修、清洁、保养时,要确保他人在免受影响的区域(图1-11)。

彩图

图1-11

第四，把所知道的、造成的危险及时告知受影响人员，加以消除或予以标识（图1-12）。

图 1-12

第五，对所接受到的安全规定、标识、指令，认真理解后执行（图1-13）。

第六，管理者对危害行为的默许纵容是对他人最严重的威胁，安全表率是其职责（图1-14）。

图 1-13　　　　　　　　　　图 1-14

(3) 不被他人伤害

人的生命是脆弱的，变化的环境蕴含多种可能失控的风险，我们的生命不应该由他人来随意伤害。不被他人伤害即每个人都要加强自我防范意识，工作中要避免他人错误操作带来的伤害或其他隐患。

第一，提高自我防护意识，保持警惕，及时发现并报告危险（图1-15）。

图 1-15

第二，把自己的安全经验与同伴共享，帮助他人提高事故预防技能（图1-16）。

彩图

图 1-16

第三，不忽视已标识的潜在危险并远离之，除非得到充足防护及安全许可方可靠近（图1-17）。

图 1-17

第四，纠正他人可能危害自己的不安全行为，不伤害生命比不伤害情面更重要（图1-18）。

图 1-18

第五，冷静处理所遭遇的突发事件，正确应用所学安全技能（图1-19）。
第六，拒绝他人的违章指挥，不被伤害是每个人的权利（图1-20）。

第1章 实验室安全基础

图 1-19　　　　　　　　　图 1-20

（4）保护他人不受伤害

任何组织中的每个成员都是团队中的一分子，要担负和履行关心爱护他人的责任和义务，不仅自己要注意安全，还要保护团队的其他人员不受伤害，这是每个成员对集体中其他成员的承诺。也许一个提示就能挽救一条生命，能及时纠正你违章的人，才是你真正的朋友！

第一，任何人在任何地方发现任何事故隐患都要主动告知或提示他人（图1-21）。

第二，提示他人遵守各项规章制度和安全操作规范（图1-22）。

图 1-21　　　　　　　　　图 1-22

第三，提出安全建议，互相交流，向他人传递有用的信息（图1-23）。

图 1-23

第四,视安全为集体荣誉,为团队贡献安全知识,与他人分享经验(图 1-24)。

彩图

图 1-24

第五,关心他人身体、精神状况等异常变化(图 1-25)。

彩图

图 1-25

第六,一旦发生事故,在保护自己的同时,要主动帮助身边的人摆脱困境(图 1-26)。

彩图

图 1-26

1.2 实验室安全基本要求

① 凡是进入实验室工作的人员均要参加安全培训,认真学习实验室各项规章制度,明确安全责任体系和基本安全要求,经安全考试合格方可从事实验实训活动(图 1-27)。

图 1-27

② 识别实验室安全隐患,保证观察窗的可视性,在门口张贴安全信息标识牌,及时更新相关信息,填写负责人姓名与紧急联系电话(图 1-28)。

彩图

图 1-28

③ 了解实验室安全应急基础设施的布局与使用,熟悉紧急情况下的逃生路线和疏散方法,明确安全报警系统以及灭火器、急救箱、洗眼器、紧急喷淋等防护设备的位置及使用方法(图 1-29)。

彩图

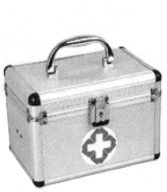

图 1-29

④ 在实验室工作时必须穿实验服，做好个人防护，不能穿拖鞋、短裤，女生不能穿裙子和高跟鞋，扣好纽扣，拉好拉链，要把长发束好（图1-30）。

图1-30

⑤ 勿将刀具、量具等物品放置在机床旋转体或工作台面上（图1-31）。

图1-31

⑥ 化学品存储时应按照化学试剂的危害性质分类存放在专用化学品储存柜中，如一般药品、易制毒品、腐蚀品、易燃易爆品、避光药品、低温存放药品等，储存环境要保证阴凉通风（图1-32）。

 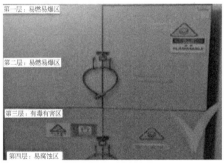
图1-32

⑦ 禁止直接用手量取化学试剂，禁止用口鼻鉴别溶剂和药品，可以采用手持试剂进行扇闻试剂气味的方法（图1-33）。禁止在实验室内吸烟与进食。

⑧ 称量化学试剂时注意不要将化学试剂洒落在天平及实验台上，以免试剂污染天平。使用精细分析天平时要严格按照减量法的操作规程进行操作，称量完毕取出称量瓶，关好天平门，并做好称量记录（图1-34）。

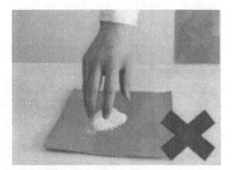

图 1-33

图 1-34

⑨ 开启试剂瓶盖时，应一手握住瓶身使其固定，另一手用镊子撬开试剂瓶内塞，严禁徒手开启药瓶盖。使用完液体化学试剂塞入内塞时，一定要固定瓶身，缓缓用力，防止用力过猛导致瓶身倾倒而使化学品泄漏伤人（图 1-35）。

图 1-35

⑩ 玻璃容器在使用前应检查是否完好，是否有裂纹或破损等，不要对玻璃仪器的任何部位施加过度的压力，不完整的玻璃器皿需丢弃，更换新的使用。抽滤操作中只有圆底烧瓶和厚壁过滤瓶可置于真空下，锥形瓶、平底烧瓶和薄壁试管不能置于真空下（图 1-36）。

图 1-36

⑪ 化学实验室严禁使用明火，量取刺激性、挥发性和毒性化学试剂应在通风橱内进行。当使用可燃物，特别是易燃物（如乙醇、乙醚、丙酮、苯、金属钠等）时，应特别小心，不要大量放在桌上，更不要靠近火源处（图 1-37）。

 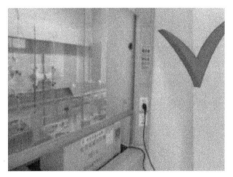

图 1-37

⑫ 严格遵守操作规程，实验操作过程中要精神集中，不得脱岗，进行危险性实验时至少需要两人同时在场（图 1-38）。

 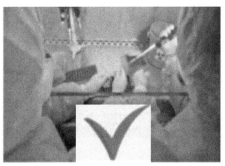 

图 1-38

⑬ 冰箱和固体干冰盒要定期除霜和清扫，所有保存在冰箱里的容器等要有清楚的标签，无标签的和过期的材料应高压灭菌后丢弃。金属类实验器具检测拆罐时应戴棉线手套，不能野蛮拆罐（图 1-39）。

图 1-39

⑭ 实验室内的一切物品须分类整齐摆放，实验过程中保持桌面和地面的清洁和整齐，与实验无关的药品、仪器和杂物等不要放在实验台上，严禁将饮食带进实验室内（图 1-40）。

图 1-40

⑮ 蒸馏与回流装置搭建要自下而上、从左到右，拆除顺序则与之相反；冷却水要下进上出；搭建完成保证装置连接严密并与大气相通；注意不要将冷凝管尤其是加热导线置于加热板或加热套上面（图 1-41）。

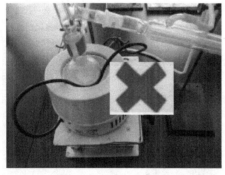

图 1-41

⑯ 在机电设备工作前应认真检查电源电线、油泵、润滑剂、油量是否正常，检查刀具、工装夹具是否完好；工作结束后，一定要关闭配电盘开关，没有关闭电源，也没有把工具工件从工作位置退出，不要离开操作机床（图 1-42）。

⑰ 设备运转时，不允许进行测量、加油、调整、清理、维修等工作，设备维修必须严格执行断电挂"维修"警示牌，设立专人监护的制度（图 1-43）。机械断电后，必须确认其惯性运转已彻底消除后才可进行工作。

彩图

图 1-42

彩图

图 1-43

⑱ 规范收集处理实验室废弃物，将实验垃圾与生活垃圾分开，将化学和生物等危险废弃物进行分类回收，做好标识与记录，按学校有关规定及时转移至学校危险废弃物中转站，交与具资质的危险废弃物处理机构统一处理（图 1-44）。

  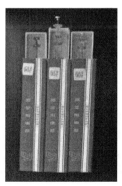 

图 1-44

⑲ 实验室设立专门安全责任人，负责实验室日常安全检查与监督，实验过程中发现安全隐患或发生安全事故及时采取适当措施，并报告实验室负责人（图 1-45）。

⑳ 建立卫生值日制度，离开实验室前，检查实验实训室仪器设备是否摆放整齐，实训区内是否清洁，消防通道是否畅通，水、电、门窗是否关好，最后做好身体的清洁（图 1-46）。

第 1 章　实验室安全基础　15

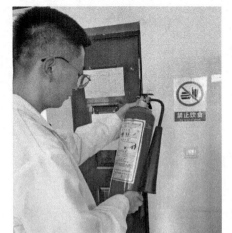

图 1-45

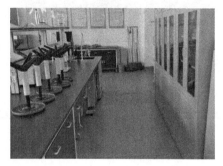

图 1-46

1.3 实验室水电安全

1.3.1 实验室安全用水

① 了解实验楼自来水各级阀门的位置，水龙头、管道和阀门要做到不滴、不漏、不冒、不放任自流（图 1-47）。

② 水槽与排水渠道必须保持畅通，发现水龙头、水管漏水或下水道堵塞时，应及时联系修理和疏通（图 1-48）。

图 1-47　　　　　　　　　　图 1-48

③ 停水后，要检查水龙头、洗眼器和紧急喷淋装置的开关是否都已拧紧。发现停水，要随即关上水龙头开关，防止再来水时因无人看管而发生水患（图1-49）。

④ 检查冷却水装置的连接、胶管接口和老化情况，及时更换以防漏水。冷凝装置用水的流量要适合，防止压力过高导致胶管脱落，要采用循环冷却水装置进行有机合成实验，实现化学实验室环保、节能与创新（图1-50）。

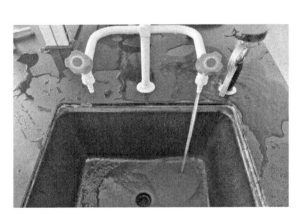

图 1-49

图 1-50

⑤ 水槽内保证无垃圾堵塞下水口，防护手套与抹布摆放整齐；化学废液要按规定分类处置，不可随意倾倒入下水道、污染水资源（图1-51）。

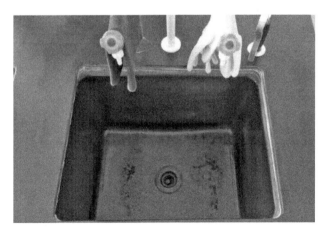

图 1-51

⑥ 对已冰冻的龙头、水表、水管，宜先用热毛巾包裹水龙头，然后浇温水，使水龙头解冻，再拧开水龙头，用温水沿自来水龙头慢慢向管子浇洒，使水管解冻。切忌用火烘烤。

⑦ 离开实验室时要断水，确保不发生水患和用水仪器安全。在无人状态下用水时，需做好预防措施和停水、漏水的应急准备。

1.3.2 实验室安全用电

① 实验室安全用电基本要素：电气绝缘良好，保证安全距离，线路与插座容量和设备功率相适宜，不使用三无产品。

② 电气设施应有良好的散热环境，远离热源和可燃物品，确保电气设备接地、接零良好。

③ 仪器设备确认状态完好后，方可接通电源。

④ 不得擅自拆、改电气线路，修理电气设备；不得乱拉、乱接电线，不准使用闸刀开关、木质配电板和花线等。

⑤ 切勿带电插、拔、接电气线路，勿用金属、潮湿的手和毛巾触摸通电设施或者启动电源开关。

⑥ 存在易燃易爆化学品的场所，应避免产生电火花或静电。

⑦ 电气设备在未验明无电时，一律认为有电，不能盲目触及。当手、脚或身体沾湿或站在潮湿的地板上时，切勿启动电源开关、触摸通电的电气设施。

⑧ 电器用具要保持在清洁、干燥和状态良好的情况下使用，清理电器用具前要将电源切断，切勿带电插或连接电气线路。

⑨ 在实验室同时使用多种电气设备，总用电量和分线用电量均应小于设计用电容量，不要在一个电源插座上通过转换头连接过多的电器。大型用电设备应单独布线，安装漏电保护开关。

⑩ 对于长时间不间断使用的电气设施，需采取必要的预防措施。

⑪ 配电箱、开关、变压器等各种电气设备附近不得堆放易燃易爆、潮湿和其他影响操作的物件，并设立警示标识。

⑫ 实验前先检查用电设备，再接通电源；实验结束后，先关仪器设备，再关闭电源。工作人员离开实验室或遇突然断电，应关闭电源，尤其要关闭加热电器的电源开关。

⑬ 为了预防电击，电气设备的金属外壳需接地。

⑭ 发生电器火灾时，首先要切断电源，在无法断电的情况下应使用消防沙、干粉或二氧化碳等不导电灭火剂来扑灭火焰。

⑮ 严禁任何人在实验室或研究室过夜，确因工作原因需过夜的，过夜加热装置必须有人负责管理，以便及时发现并妥善解决夜间加热装置出现的问题。

1.4 实验室消防安全

实验室是高校消防安全重点防范单位。一般来讲，实验室火灾事故主要是实验室人员消防安全意识淡薄、违规操作及消防安全常识缺乏所致。因此，应谨记"预防为主，防消结合"的消防安全工作方针，掌握基本防火常识和技能，主动预防火灾事故的发生（图1-52）。

图 1-52

彩图

1.4.1 国家消防安全规范

(1) 中国职业健康安全法律体系（图 1-53）

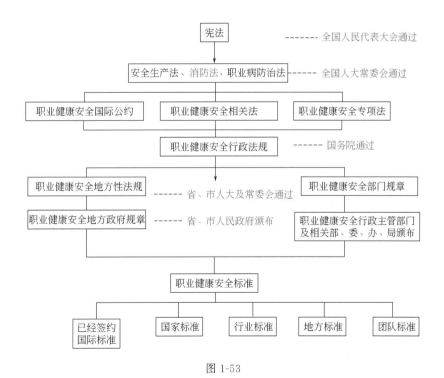

图 1-53

第 1 章 实验室安全基础

（2）《中华人民共和国消防法》（图 1-54）

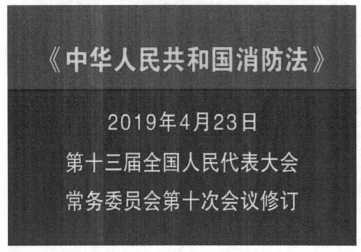

图 1-54

1.4.2 火灾

1.4.2.1 燃烧的条件

燃烧的必要条件包括可燃物、助燃物和点火源，这三个条件也称为燃烧三要素。

（1）可燃物

无论固体、液体还是气体，凡能与空气中的氧或其他氧化剂剧烈反应的物质，一般都是可燃物质，如木材、纸张、汽油、酒精、煤油等。物质的可燃性随着条件的变化而变化，如：木粉比木材刨花容易燃烧，木材刨花比大块木段容易燃烧，木粉甚至能发生爆炸；铝、镁、钠等是不燃的物质，但是铝、镁、钠等物质成为粉末后不但能发生自燃，而且还可能发生爆炸；烧红的铁丝在空气中不会燃烧，如果将烧红的铁丝放入纯氧或氯气中，铁丝会非常容易燃烧；甘油在常温下不容易燃烧，但遇高锰酸钾时则会剧烈燃烧。

（2）助燃物

凡能帮助和支持燃烧的物质叫助燃物，一般指氧和氧化剂。氧主要指空气中的氧，氧在空气中约占 21%，当空气中的氧含量逐渐降低时，燃烧反应会逐渐减弱，当空气中氧含量降至 14% 左右时燃烧反应发生较为困难，当空气中氧含量降至 14% 以下时，燃烧反应就很难维持而中断，当空气中氧含量增高时，燃烧反应会逐渐激烈，能使一些平时在空气中较难引燃的可燃物变得很容易燃烧。一般来说，可燃物质在无氧（包括其他氧化剂）的条件下不会燃烧，如燃烧 1kg 石油需要 $10\sim12m^3$ 空气，燃烧 1kg 木材需要 $4\sim5m^3$ 空气。

（3）点火源

凡能引起可燃物质燃烧的能源都叫点火源，如明火、摩擦、冲击、电火花等。

① 明火。包括明火炉灶、柴火、燃气炉（灯）火、喷火灯、酒精炉火、香烟火、打火机火等开放性火焰。

② 火花。火花包括电、气焊接和切割的火花，砂轮切割的火花，摩擦、撞击产生的火

花，烟囱中飞出的火花，机动车辆排出的火花，电气开、关、短路时产生的火花和电弧火花等。

③ 危险温度。一般指80℃以上的温度，如电热炉、烙铁、熔融金属、热沥青、沙浴、油浴、蒸汽管裸露表面、白炽灯等可达到80℃以上。

④ 化学反应热。指化合（特别是氧化）、分解、硝化和聚合等放热化学反应产生的热量，生化作用产生的热量等。

⑤ 其他热量。如辐射热、传导热等。

判断可燃液体是否易燃有三个因素：闪点、燃点和自燃点。

闪点：易燃、可燃液体（包括具有升华性的可燃固体）表面挥发的蒸气与空气形成的混合气，当火源接近时会产生瞬间燃烧，这种现象称为闪燃，引起闪燃的最低温度称闪点。当可燃液体温度高于其闪点时则随时都有被点燃的危险。闪点是评定可燃液体火灾爆炸危险性的主要标志。从火灾和爆炸的方面出发，化学品的闪点越低越危险。

燃点：可燃性物质与充足的空气接触完全，到达一定温度与火源接触后产生燃烧，并且离开火源后能持续地燃烧，这个温度就称为燃点。燃点一般比闪点高1～5℃。

自燃点：可燃物在没有外源火种的作用下，因受空气氧化而释放的热量或是因外界温度、湿度变化而引起可燃物自身温度升高进而燃烧的最低的温度，称为自燃点。

1.4.2.2 火灾的分类

火灾是在时间或空间上失去控制的燃烧。在各种灾害中，火灾是最经常、最普遍的威胁公众安全和社会发展的主要灾害之一（图1-55）。

彩图

图1-55

根据可燃物的类型和燃烧特性，按照《火灾分类》（GB/T 4968—2008），将火灾分为A、B、C、D、E、F六大类。

A类火灾：指固体物质火灾。这种物质通常具有有机物性质，一般在燃烧时能产生灼热的余烬，如木材、干草、煤炭、棉、毛、纸张、塑料（燃烧后有灰烬）等火灾。

第1章　实验室安全基础

B类火灾：指液体或可熔化的固体物质火灾，如煤油、柴油、原油、甲醇、乙醇、沥青、石蜡等火灾。

C类火灾：指气体火灾，如煤气、天然气、甲烷、乙烷、丙烷、氢气等火灾。

D类火灾：指金属火灾，如钾、钠、镁、钛、锆、锂、铝镁合金等火灾。

E类火灾：指带电火灾，物体带电燃烧的火灾。

F类火灾：指烹饪器具内的烹饪物（如动植物油脂）火灾。

1.4.2.3 灭火的基本方法（图1-56）

物质燃烧具备三个条件，即可燃物、助燃物和点火源，三者缺一不可。灭火的原理就是破坏燃烧的条件，使燃烧反应因缺少条件而终止。

图1-56

(1) 隔离法

将着火的地方或物体与其周围的可燃物隔离或移开，燃烧就会因为缺少可燃物而停止。如将靠近火源的可燃、易燃、助燃的物品搬走，把着火的物件移到安全的地方；关闭电源、可燃气体、液体管道阀门，终止和减少可燃物质进入燃烧区域；拆除与燃烧着火物毗邻的易燃建筑物等。

(2) 窒息法

阻止空气流入燃烧区或用不燃烧的物质冲淡空气，使燃烧物得不到足够的氧气而熄灭。如用石棉毯、湿麻袋、湿棉被、湿毛巾、黄沙、泡沫等不燃或难燃物质覆盖在燃烧物上；用水蒸气或二氧化碳等惰性气体灌注容器设备；封闭起火的建筑和设备门窗、孔洞等灭火方法。

(3) 冷却法

将灭火剂直接喷射到燃烧物上，以降低燃烧物的温度。当燃烧物的温度降到燃点以下时，燃烧就会停止。或者将灭火剂喷洒在火源附近的可燃物上，使其温度降低，防止起火。冷却法是灭火的主要方法，主要用水和二氧化碳来冷却降温。

(4) 抑制法

将有抑制作用的灭火剂喷射到燃烧区，使之参加到燃烧反应中去，使燃烧反应产生的自由基消失,形成稳定分子或低活性的自由基,使燃烧反应终止。

1.4.3 实验室火灾的预防

1.4.3.1 实验室火灾常见隐患

① 实验室管理不到位,导致发生违反安全防火制度的现象。例如,违反规定在实验室吸烟并乱扔烟头;不按防火要求使用明火,引燃周围易燃物品。
② 配电不合理、电气设备超负荷运转,造成电路故障起火;电气线路老化造成短路。
③ 易燃易爆化学品储存或使用不当。
④ 违反操作规程,或实验操作不当引燃化学反应生成的易燃、易爆气体或液态物质。
⑤ 仪器设备老化,或者未按要求使用。
⑥ 实验室未配备相应的灭火器材,或者缺乏维护造成失效。
⑦ 实验期间脱岗,或实验人员缺乏消防技能,发生事故不能及时处理。

1.4.3.2 谨记常见有机液体的易燃性

常见有机液体的闪点见表 1-1。

表 1-1 常见有机液体的闪点

液体名称	闪点/℃	液体名称	闪点/℃
乙醚	-45	乙腈	6
四氢呋喃	-14	甲醇	12
二甲基硫醚	-38	乙酰丙酮	34
二硫化碳	-30	乙醇	13
乙醛	-38	异丙苯	44
丙烯醛	-25	苯胺	70
丙酮	-18	正丁醇	29
辛烷	13	异丁醇	24
苯	-11	叔丁醇	11
乙酸乙酯	-4	氯苯	29
甲苯	4	1,4-二氧六环	12
环己烷	-20	石脑油	42
二戊烯	46	樟脑油	47
乙酸戊酯	21	汽车汽油	-38
航空汽油	-46	柴油	66
煤油	38	氯苯	29

由表 1-1 可知,乙醚、二甲基硫醚、乙醛、汽油、二硫化碳等的闪点都比较低,即使存放在普通冰箱内(冰室最低温度-18℃,无电火花消除器),也能形成可以着火的气氛,故

这类液体不得存放于普通冰箱内。

另外，闪点低液体的蒸气只需接触红热物体的表面便会着火。其中，二硫化碳尤其危险，即使与暖气散热器或者热灯泡接触，其蒸气也会着火，应特别小心。

1.4.3.3　加强实验室安全管理

① 实验人员要严格执行"实验室十不准"：

不准吸烟；不准乱放杂物；不准实验时人员脱岗；不准堵塞安全通道；不准违章使用电热器；不准违章私拉、乱拉接线；不准违反操作规程；不准将消防器材挪作他用；不准违规存放易燃药品、物品；不准做饭、住宿。

② 实验人员要清楚所用物质的危险特性和实验过程中的危险性。

③ 实验时疏散门、疏散通道要保持通畅。

④ 易燃易爆钢瓶必须放置在室外。

⑤ 实验室内特殊的电器，高温、高压等危险设备必须有相应的防护措施，应严格按照设备的使用说明及注意事项使用。

⑥ 实验人员须熟知"四懂四会"，即懂本岗位火灾危险性、懂预防措施、懂扑救方法、懂逃生方法；会报警、会使用灭火器材、会处理肇事事故、会逃生。

⑦ 实验人员在实验过程中不得脱岗。要随时检查实验仪器设备、电路、水、气及管道等设施有无损坏和异常现象，并做好安全检查记录。

⑧ 易燃易爆设备的操作人员必须经公安消防部门培训，考核合格后持证上岗。

⑨ 实验室必须配有防火、防爆、防盗、防破坏的基本设施；危险化学品应分类存放；贵重物品不得在实验室内随意摆放。

⑩ 实验室使用剧毒物品要严格执行"双管"制度，并存放在保险柜内。

⑪ 实验人员使用药品时，应切实了解药品的物化性、毒性及正确使用方法，严禁将化学性质相抵触的药品混装、混放。实验剩余的药品必须按规定处置，严禁随意乱放、丢入垃圾箱内或倒入下水道。要针对实验过程中可能发生的危险，制定安全操作规程，采取适当的防护措施，必要时应参考"化学品安全技术说明书"进行操作。

⑫ 严禁摆弄与实验无关的设备和药品，特别是电热设备。

⑬ 冰箱内不得存放易燃液体，不准用普通烘干箱加温加热易燃液体。

⑭ 严禁闲杂人员特别是儿童进入实验室，防止因外人的违章行为导致火灾。

⑮ 实验结束后，应对各种实验器具、设备和物品进行整理，并进行全面仔细的安全检查，清除易燃物，关闭电源、水源、气源，确认安全后方可离开。

1.4.4　消防器材

1.4.4.1　常用消防系统

消防自动喷水灭火系统（图1-57）应用历史最久、最广泛，具有工作性能稳定、适用范围广、安全可靠、维护简便、不污染环境、投资少等优点。

《自动喷水灭火系统设计规范》（GB 50084—2017）规定：环境温度不低于4℃且不高于70℃的场所，应采用湿式系统；环境温度低于4℃或高于70℃的场所，应采用干式系统。《自动喷水灭火系统施工及验收规范》（GB 50261—2017）规定：供水设施安装时，环境温

彩图

图 1-57

度不应低于 5℃；当环境温度低于 5℃时，应采取防冻措施；水压试验时环境温度不宜低于 5℃，当低于 5℃时，水压试验应采取防冻措施。寒冷季节，消防储水设备的任何部位均不得结冰。每天应检查放置储水设备的房间，保持室温不低于 5℃。

1.4.4.2 常用消防器材

实验室常见消防器材及使用方法见表 1-2，当实验室不慎失火时，切莫惊慌失措，应沉着冷静处理。只要掌握了必要的消防知识，根据现场的情况，选择合适的灭火器材，一般可以迅速灭火。

表 1-2 常见消防器材及使用方法

灭火器种类	使用原理	适用范围	使用方法
干粉灭火器	利用二氧化碳或者氮气作为动力，将干粉灭火剂喷出灭火	碳酸氢钠干粉灭火器适用于易燃、可燃液体、气体及电气设备的初期灭火；磷酸铵盐干粉灭火器除可用于上述情况外，还可扑救固体类物质的初期火灾	使用前将灭火器上下颠倒几次，使筒内干粉松动，然后将喷嘴对准燃烧最猛烈处，拔去保险销，压下压把
二氧化碳灭火器	二氧化碳不能燃烧，也不能支持燃烧	适用于扑救精密仪器、600V 以下电气设备、图书资料、易燃液体和气体等的初期火灾。不能用于扑灭金属火灾，也不能扑灭含有氧化基团的化学物质引起的火灾	拔出灭火器的保险销，把喇叭筒往上扳 70°~90°，一只手托住灭火器筒底部，另一只手握住启动阀的压把。对准目标，压下压把

续表

灭火器种类	使用原理	适用范围	使用方法
沙箱	隔绝空气,降低油面温度	干沙对扑灭金属起火、地面流淌火特别安全有效	将干燥沙子贮于容器中备用,灭火时,将沙子撒于着火处
灭火毯	隔离热源及火焰	由玻璃纤维等材料经过特殊处理和编制而成的织物,能起到隔离热源及火焰的作用,盖在燃烧的物品上使燃烧无法得到氧气而熄灭	双手拉住灭火毯包装外的两条手带,向下拉出灭火毯。将灭火毯完全抖开,平直在胸前位置或将灭火毯覆盖在火源上同时切断电源或气源,直至火源冷却
消火栓	射出充实水柱,扑灭火灾	主要供消防车从市政给水管网或者室外消防给水管网取水实施灭火,也可以直接连接水带、水枪出水灭火	打开消火栓门,取出水带连接水枪,甩开水带,水带一头插入消火栓接口,另一头接好水枪,按下水泵,打开阀门,握紧水枪,将水枪对准着火部位出水灭火

1.4.4.3 消防器材使用

(1) 消火栓的使用

消火栓的使用方式见图 1-58。

(2) 灭火器的使用

灭火器的使用方法见图 1-59。

1.4.5 火灾处理

1.4.5.1 火灾处理原则与程序

(1) 火灾处理原则

① 初期火灾,应组织人员使用正确方法扑救,遵循"先控制、后扑灭,救人先于救火,先重点后一般"的原则。

② 火势蔓延失控时,应迅速撤离,并通知其他人有序撤离。

③ 当消防队抵达时,提供具体情况,确切的危险信息对于救援队至关重要。

(2) 火灾处理程序

① 击碎火警警报玻璃,启动警报,或口头通知起火建筑里面的人,疏散人群。

② 确保安全时使用灭火器灭火,关闭窗户、门隔离区域,关闭起火区域的电源和设备。

图 1-58

图 1-59

③ 不可冒险，不能控制时，立即离开现场。

1.4.5.2 火灾处理注意事项

（1）沉着冷静

起火后，切忌惊慌、不知所措。要沉着冷静（图 1-60），根据防火课和灭火演练学到的消防知识，组织在场人员利用灭火器具，在火灾的初起阶段将其扑灭。如果火情发展较快，要迅速逃离现场。

（2）争分夺秒

使用灭火器进行扑救火灾时可根据灭火器的数量，组织人员同时使用，迅速把火扑灭。避免只由一个人使用灭火器的错误方法。要争分夺秒，尽快将火扑灭，防止火势蔓延。切忌惊慌失措、乱喊乱跑，延误灭火时机，小心酿成大灾。

（3）兼顾疏散

发生火灾，现场能力较强人员组成灭火组负责灭火，其余人员要在老师的带领下或自行

彩图

图 1-60

组织疏散逃生。疏散过程要有序，防止发生踩踏等意外事故。

（4）及时报警

"报警早、损失小"。发生火灾要及时扑救，同时应立即报告火警，使消防车迅速到达火场，将火扑灭。

彩图

（5）生命至上

在灭火过程中，要本着"救人先于救火"的原则。如果有被火势围困人员，首先要想办法把受困人员抢救出来；如果火情危险难以控制，灭火人员要确保自身安全，迅速逃生。

（6）断电断气

电气线路、设备发生火灾，首先要切断电源，然后再考虑扑救。如果发现可燃气体泄漏，不要触动电器开关，不能用打火机或火柴等明火，也不要在室内打电话报警，避免产生着火源。要迅速关闭气源，打开窗门，降低可燃气体浓度，防止爆燃。

（7）慎开门窗

救火时不要贸然打开门窗，以免空气对流加速火势蔓延。如果室内着火，打开门窗会加速火势蔓延；如果室外着火，烟火会通过门窗涌入，容易使人中毒、窒息死亡。

1.4.5.3 火灾报警

① 拨打"119"电话时不要慌张以防打错电话，延误时间。

② 讲清火灾情况，包括起火单位名称、地址、起火部位、什么物资着火、有无人员被困、有无有毒或爆炸危险物品等。消防队可以根据火灾的类型，调配举高车、云梯车或防化车。

③ 要注意认真回复指挥中心的提问，讲清自己的电话号码，以便联系。

④ 电话报警后，要立即在着火点路口附近等候，引导消防车到达火灾现场。

⑤ 迅速疏通消防车道，清除障碍物，使消防车到达火场后能立即进入最佳位置灭火救援。

⑥ 如果着火区域发生了新的变化，要及时报告，使消防车队能及时改变灭火战术，取得最佳效果。

1.4.6 火灾逃生与自救

除了火灾产生的高温、有毒烟气威胁着火场人员生命安全，火灾的突发性、火情的瞬息变化也会严重考验火场人员的心理承受能力，影响他们的行为。被烟火围困人员往往会在缺乏心理准备的状态下，被迫瞬间作出相应的反应，一念之间决定生死。火场上的不良心理状态会影响人的判断和决定，可能导致错误的行为，造成严重后果；只有具备良好的心理素质，准确判断火场情况，采取有效的逃生方法，才能绝处逢生（图1-61）。

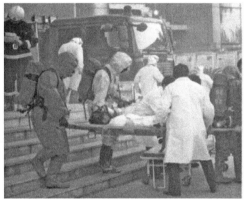

图 1-61

① 平时注意熟悉实验室的逃生路径、消防设施及自救方法，积极参与应急逃生演练。

② 火灾发生时，应保持冷静、明辨方向、迅速撤离，千万不要相互拥挤、横冲直撞。应尽量往楼层下面跑。若通道已被烟火封阻，则应背向烟火方向离开，通过阳台、气窗、天台等往室外逃生。

彩图

③ 为了防止火场浓烟呛入，可采用湿毛巾、口罩蒙鼻，匍匐撤离。浓烟中还可以戴充满空气的塑料袋逃生。

④ 严禁通过电梯逃生。若楼梯已被烧断、通道被堵死，可通过屋顶天台、阳台、落水管等逃生，或在固定的物体上拴绳子，然后手拉绳子缓缓而下。

⑤ 如果无法撤离，应退居室内，关闭通往火区的门窗，可向门窗上浇水，还可用湿布条塞住门缝，并向窗外伸出衣物、抛出物件发出求救信号，或者通过呼喊、打手电筒的方式发送求救信号，等待救援。

⑥ 如果身上着火，千万不可奔跑或者拍打，应迅速撕脱衣物，或通过泼水、就地打滚、覆盖厚重衣物等方式压灭火苗。

⑦ 生命第一，不要贪恋财物，切勿轻易重返火场。

1.5 实验室安全标识

化学类实验室使用安全标识来标注安全隐患。安全标识根据安全级别不同,主要分为四类:禁止标识、警告标识、指令标识和提示标识。这四类标识的安全级别不同,因此使用颜色也不同。例如安全级别最高的是禁止标识,用红色;警告标识次之,用黄色;指令标识使用蓝色;提示标识使用绿色。除了常见四类安全标识,实验室还有消防安全专用警示标识。

1.5.1 实验室安全标识设置要求

实验室安全警示标识的设置和安装标准遵循以下原则。

① 生产环境或教学与科研环境中可能存在不安全因素时需要设置相关警示标识提醒,警示标识设置牢固后,不应有造成人体任何伤害的潜在危险。

② 警示标识应设在醒目的地方,要保证标识具有足够的尺寸,并与背景有明显的对比度。

③ 警示标识的观察角度尽可能接近90°,对位于最大观察距离的观察者,观察角度不应小于75°。

④ 警示标识的正面或者临近,不得有妨碍视线的固定障碍物,并尽量避免被其他临时性物体遮挡。

⑤ 警示标识通常不是在门、窗、架等可移动的物体上,避免物体移动后人们无法看到。

⑥ 警示标识应设在光线充足的地方,以保证人们正常准确地辨认标识。

1.5.2 实验室常用四种安全标识

(1) 禁止标识

① 概念:禁止标识(图1-62)是提示人们一定不要违反标识提示的内容,否则会引起不良后果。

② 图形:圆形加一斜杠。

③ 颜色:红色。

图 1-62

标识说明:红色很醒目,使人们在心理上产生兴奋性和刺激性。红色光光波较长,不易被尘雾所散射,在较远的地方也容易辨认,红色的注目性高,视认性也很好。所以用来表示危险、禁止、停止。用于禁止标识。常见禁止标识如图1-63。

图 1-63

严禁吸烟

禁止拍照

禁止攀登

禁止抛物

禁止启动

禁止入内

禁止伸出窗外

禁止伸入

禁止使用手机

禁止锁闭

禁止停车

禁止跳下

禁止停留

禁止通行

禁止推动

禁止携带金属物

禁止携带托运易燃物

禁止携带托运有毒物品

禁止携带武器

禁止倚靠

彩图

彩图

彩图

图 1-63

（2）警告标识

① 概念：警告标识（图 1-64）是对一定范围内的人发出警告，善意提醒人们对警告的内容引起注意，避免安全事故的发生。

② 图形：三角形。

③ 颜色：黄色。

图 1-64

标识说明：黄色与黑色组成的条纹是视认性最高的色彩，特别能引起人们的注意，所以被选为警告色，含义是警告和注意。如厂内危险机器和警戒线、行车道中线、安全帽等。常见警告标识如图 1-65。

（3）指令标识

① 概念：指令标识（图 1-66）是提示进入一定环境工作的人们要按照指令的内容去做，以更好地保护自己和他人的人身安全。

第 1 章　实验室安全基础　33

 当心绊倒
 当心爆炸
 当心叉车
 当心超压

 当心车辆
 当心触电
 当心磁场
 当心低温

 当心电离辐射
 当心吊物
 当心缝隙
 当心腐蚀

 当心跌滑
 当心火灾
 当心机械伤害
 当心激光

图 1-65

彩图

 彩图

② 图形：圆形。
③ 颜色：蓝色。

图 1-66

标识说明：蓝色的注目性和视认性都不太好，但与白色配合使用效果显著，特别是在太阳光下比较明显。所以被选为含指令标识的颜色，即必须遵守。常见指令标识如图 1-67。

必须戴手套

必须穿防护鞋

必须穿防护衣

必须穿救生衣

必须接地

必须拔出插头

必须带自救器

必须加锁

必须穿戴绝缘防护

必须佩戴遮光护目镜

必须系安全带

必须用防护屏

   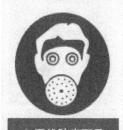

图 1-67

（4）提示标识

① 概念：提示标识（图 1-68）是给人们起提示作用的，通过提示使人更快捷、方便地达到目的。

② 图形：方形。

③ 颜色：绿色。

彩图　　彩图

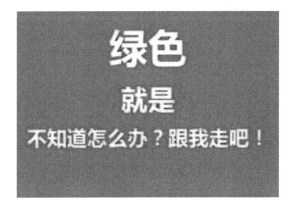

图 1-68

标识说明：绿色注目性和视认性虽然不高，但绿色是新鲜、年轻、青春的象征，具有和平、永远、生长、安全等心理效用。绿色含义是提示，提示安全信息，表示安全状态或可以通行。常见提示标识如图 1-69。

图 1-69

1.5.3 消防安全标识

消防安全标识是对人们起消防警示作用的,以红色为主,方形,亦有几个消防安全标识组合表达一个完整的意思,常用标识见图 1-70。

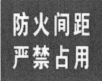

图 1-70

彩图

1.6 实验室个体防护

1.6.1 个体防护用品佩戴的重要性

实验室存在着各类的危险，有物理性的如各种机械卷入点以及锋利部位、热、冷、辐射、噪声等危险，有化学性的如各类毒性等级不一的化学品、粉尘等危险，有生物性的各类致病菌或者病毒等。如果不采取有效防护，将会导致实验操作者受伤、中毒，严重的会导致职业病甚至死亡。

（1）个体防护用品是实验室安全防护的有效补充

虽然实验室配备了各类安全防护设施，但在实验操作过程中，操作者仍不可避免地会接触到（触碰到、吸入、食入、经皮肤/眼睛渗入等）各类危险源，继而导致伤害，甚至职业病的发生。个体防护用品此时充当了操作者与危险源之间的最后一道防线，当实验室安全防护装置失效或者不能满足其设定的目的时，就不能将危险源阻挡在身体之外，保护操作者的人身安全。

（2）个体防护用品设置和佩戴是国家法律法规的要求

国家法律法规（如《中华人民共和国职业病防治法》等）对可能接触到危险源的作业提出了个体防护用品配备和佩戴的要求，要求用人单位根据作业场所所能接触到的职业危害因素，选择并提供合适的个体防护用品，培训并监督作业者使用。作业者应按照要求正确佩戴个体防护用品。对于违反相关法律法规要求的行为，责任方需承担相关法律责任。

1.6.2 个体防护用品的选用原则和考虑因素

(1) 个体防护用品选择应遵循的原则
① 根据工作场所的职业危害因素及其危害特性进行选择。
② 根据国家相关法规标准的要求进行选择。
③ 根据所接触的化学品安全技术说明书（MSDS）建议进行选择。

(2) 个体防护选择应考虑的因素
① 用具的保护力度。
② 应不妨碍工作上的活动。
③ 配合使用环境之特殊要求。
④ 是否配合其他的防护用具。
⑤ 一次性和重复使用性（耐用性）。
⑥ 使用者舒适性与接受性。
⑦ 体能和训练的需要。
⑧ 符合国际标准或被有关法律认可。

1.6.3 个体防护用品种类与使用

个体防护用品所涉及的防护部位主要包括眼睛、头面部、躯体、手、足、耳以及呼吸道；其装备包括安全帽、防护眼镜（安全眼镜、护目镜）、口罩、面罩、防毒面具、防护服（实验服、隔离衣、连体衣、围裙）、防护手套、安全鞋以及听力保护器（耳塞、耳罩）等（图1-71）。

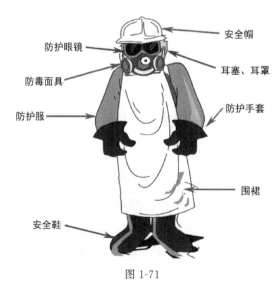

图 1-71

(1) 头部防护用品：安全帽和安全头盔

安全帽可以保护施工人员免受或减轻下落物体对头部的伤害。在实验实训室，为防止意外飞溅物体伤害、撞伤头部，或防止有害物质污染，操作者应佩戴安全帽（或安全防护头盔）。根据用途，安全帽可分为单纯式［图1-72(a)］和组合式［图1-72(b)］两类。单纯式如一般建筑工人、煤矿工人佩戴的帽盔,用于防重物坠落砸伤头部,化工厂防污染用的以棉布或合成纤维制成的带帽舌的帽盔亦为单纯式。组合式主要有电焊工安全防护帽、矿用安全防尘帽、防尘防噪声安全帽。化工操作人员使用的通用型安全帽,由聚乙烯塑料制成,可耐酸、碱、油及其他化学溶剂,可承受3kg钢球在3m高度自由坠落的冲击力。

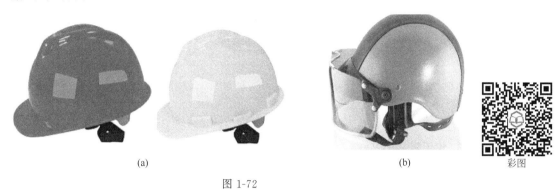

图 1-72

在使用安全帽前要检查是否有国家指定的检验机构检验合格证,是否达到报废期限(一般使用期限为两年半),是否存在影响其性能的明显缺陷,如:裂纹、碰伤痕迹、严重磨损等。不能随意拆卸或添加安全帽上的附件,也不能随意调节帽衬的尺寸,以免影响其原有的性能。安全帽应端正戴在头上。帽衬要完好,除与帽壳固定点相连外,与帽壳其他地方不能接触。下颚带要具有一定强度,要求系牢且不能脱落。

(2) 眼睛防护用品:防护眼镜

防护眼镜,也叫护目镜,是一种起特殊作用的眼镜,使用的场合不同,需要的眼镜也不同。如医院用的手术眼镜,电焊时用的焊接眼镜,激光雕刻中的激光眼镜等。防护眼镜在工业生产中又称作劳保眼镜,分为安全眼镜和防护面罩两大类,主要是保护眼睛和面部免受紫外线、红外线和微波等电磁波的辐射,免受粉尘、烟尘、金属和砂石碎屑以及化学溶液溅射的损伤,常见种类与功能见表1-3。

表 1-3 常见防护眼镜种类与功能

序号	项目	实物图	功能
1	防化学溶液护目镜		防化学溶液的防护眼镜主要用于防御有刺激或腐蚀性的溶液对眼睛的化学损伤
2	防冲击护目镜		主要用于防御金属或砂石碎屑等对眼睛的机械损伤。眼镜片和眼镜架应结构坚固,抗打击

续表

序号	项目	实物图	功能
3	防电弧眼镜		为了保护操作者免受强电弧光伤害,深颜色的镜片可以更好地阻挡对眼睛有害的物质和光线
4	激光防护眼镜		能够防止或者减少激光对人眼伤害的一种特殊眼镜。要提供对激光的有效防护,必须按具体使用要求对激光防护眼镜进行合理选择
5	防护面罩		防护面罩是用来保护面部和颈部免受飞来的金属碎屑、有害气体、液体喷溅、金属和高温溶剂飞沫伤害的用具
6	防射线防护镜		光学玻璃中加入铅,用于 X 射线、γ 射线、α 射线、β 射线作业人员

(3) 耳部防护用品:耳塞与耳罩

若实验者长期处于噪声环境,需要佩戴听力保护器。实验室常见的听力保护器有耳塞[图 1-73(a)、(b)]和耳罩[图 1-73(c)]两种。

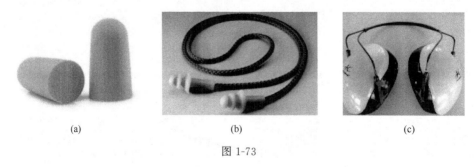

(a)　　　　　　　　　　(b)　　　　　　　　　　(c)

图 1-73

① 耳塞是指插入外耳道的有隔声作用的材料,按性能分泡棉类和预成型两类。泡棉耳塞使用发泡型材料,压扁后回弹速度比较慢,允许有足够的时间将揉搓细小的耳塞插入耳

道,耳塞慢慢膨胀将外耳道封堵起隔声目的。预成型耳塞由合成类材料(如橡胶、硅胶、聚酯等)制成,预先模压成某些形状,可直接插入耳道。

② 耳罩的形状像普通耳机,用隔声的罩子将外耳罩住。耳罩之间有适当夹紧力的头带或颈带将耳罩固定在头上,也可以有插槽和安全帽配合使用。

(4)头面部及呼吸道防护用品:口罩与防毒面具

选用头面部及呼吸道防护用品要考虑是否缺氧,是否有刺激性和毒性气体,是否存在空气污染,确定有害物质的种类、特点及浓度等因素后选择适合的防护用品。

① 口罩。目前实验室常用口罩主要有一般医用防护口罩、N95口罩和活性炭口罩三种(图1-74)。

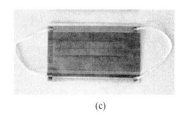

(a)　　　　　　　　　(b)　　　　　　　　　(c)

图 1-74

一般医用防护口罩[图1-74(a)]:主要用于实验室人员的基本防护,也是疫情防控期间必备的一次性防护口罩,需要每天更换,价格较便宜。

N95口罩[图1-74(b)]:可以防霾,适合在水泥尘、烟尘、煤尘和微生物等尘埃严重的场合使用,N95口罩可以1~2天更换一次,一般价格较贵。

活性炭口罩[图1-74(c)]:利用活性炭较大的表面积($500\sim1000m^2/g$)和强大的吸附能力,以活性炭作为吸附介质,制作而成的口罩。活性炭口罩有一定减轻异味的作用(如腐烂物质的气味),但不能用于有害气体超标的环境。

② 防毒面具。实验室使用的主流防毒面具,主要包括过滤式防毒面具[图1-75(a)]和隔绝式防毒面具[图1-75(b)]。

过滤式防毒面具是一种能够有效地滤除吸入空气中的化学毒气或其他有害物质,并能保护眼睛和头部皮肤免受化学毒剂伤害的防护器材,是消防部队最常用的一种防毒面具。

隔绝式防毒面具是一种可使呼吸器官完全与外界空气隔绝,由储氧瓶或产氧装置产生的氧气供人呼吸的个人防护器材。隔绝式防毒面具与过滤式防毒面具相比的优点是能有效地防护各种浓度的毒剂、放射性物质和致病微生物的伤害,并能在缺氧或含有大量一氧化碳及其

(a)　　　　　　　　　(b)

图 1-75

他有害气体的条件下使用。

(5) 手部防护用品：防护手套

实验室工作人员在工作时可能受到各种有害因素的影响，如实验操作过程中可能接触有毒有害物质、各种化学试剂、传染源、被上述物质污染的实验物品或仪器设备、高温或低温物品等，这些是造成大部分实验暴露危险的重要因素。防护手套可以在实验人员和危险物之间形成初级保护屏障，是保护手部免受伤害的防护用品。防护手套种类很多，常见的有热防护手套［图1-76(a)］、低温防护手套［图1-76(b)］、医护与化学防护手套［图1-76(c)］及一般防护手套［图1-76(d)］几种类型。

  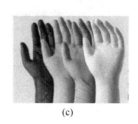 

(a)　　　　　　　(b)　　　　　　　(c)　　　　　　　(d)

图 1-76

① 热防护手套。此类手套适用于高温环境下以防手部烫伤。如从烘箱、马弗炉中取出灼热的药品时，或从电炉上取下热的溶液时，最好佩戴隔热效果良好的热防护手套。其材质一般有厚皮革、特殊合成涂层、绒布等。

② 低温防护手套。此类手套用于低温环境下以防手部冻伤，如接触液氮、干冰等制冷剂或冷冻药品时，需佩戴低温防护手套。

③ 医护与化学防护手套。当实验者处理危险化学品或手部可能接触到危险化学品时，应佩戴医护与化学防护手套。医护与化学防护手套种类较多，实验者必须根据所需处理化学品的危险特性选择最适合的防护手套。医护与化学防护手套常见的材质有天然橡胶、腈类、氯丁橡胶、聚氯乙烯（PVC）等。

④ 一般防护手套。工程实验实训操作时需要佩戴一般工程作业防护手套，如棉线尼龙手套等，防止手部受到伤害。值得一提的是，在操作旋转机械如车床、铣床时则禁止佩戴手套。

手套佩戴的注意事项有以下几方面。

a. 手套的选择：在戴手套前，应选择合适的类型和尺寸的手套，当接触强酸、强碱、高温物体、超低温物体等特殊实验材料时，必须选用材质合适的手套。

b. 手套的检查：要选择好的手套，在使用前，应仔细检查手套是否褪色、破损、穿孔或者有裂缝。

c. 手套的使用：在实验室工作中要根据实验室工作内容，尽可能保持戴手套状态。如果手套在实验室使用中被撕破、损坏或被污染，应立即更换并按规范处置。一次性手套不得重复使用，不得戴着手套离开实验室。

d. 避免"交叉污染"：戴着手套的手避免触摸鼻子、面部、门把手、橱门、开关、电话、键盘、鼠标、仪器和眼镜等其他物品。手套破损更换新手套时应先对手部进行清洗，去除污染后再戴上新的手套。

e. 手套的脱除：脱手套过程中，用一只手捏起另一手近手腕部的手套外缘，将手套从手上脱下并将手套外表面翻转入内,用戴着手套的手拿住该手套;用脱去手套的手指插入另一手套腕部内面,脱下该手套使其内面向外并形成由两个手套组成的袋状;丢弃的手套根据实验内容采取合适的方式规范处置,避免交叉感染。

(6) 足部防护用品:安全鞋和鞋套

足部防护(图 1-77)是保护穿用者的小腿及脚部免受物理、化学和生物等外界因素伤害的防护装备,主要是各种防护鞋、靴。在实验室中存在物理、化学和生物试剂等危险因素的情况下,穿合适的鞋、鞋套或靴套,可以保护实验室工作人员的足部免受伤害。禁止在实验室,尤其是化学、生物和机电类实验室穿凉鞋、拖鞋、高跟鞋、露趾鞋和机织物鞋面的鞋。鞋应舒适、防滑,推荐使用皮制或合成材料的不渗液体的鞋类。鞋套和靴套使用完后不得到处走动以防带来交叉污染,应及时脱掉并规范处置。

图 1-77

(7) 躯体防护用品:实验服、工服与连体衣

医护实验室、化学实验室及工程类实验室在实验实训过程中,操作者必须穿好防护服,戴好防护用品,以防止躯体皮肤受到各种伤害与污染,同时保护日常着装不受污染。普通的防护服,亦称实验服[图 1-78(a)],一般都是长袖过膝,多以棉或麻作为材料,以白色为主,亦称白大褂。如果进行工程实训操作则要根据专业要求穿着相应的防护服[图 1-78(b)]。在进行有传染性的实际操作时必须穿着专门的防护服[图 1-78(c)]。此外,实验者在实验时应穿好防护鞋、裤,女同志在实验过程中则需将长发束好。

(a)   (b)   (c)   彩图

图 1-78

(8) 高空作业安全带

高空作业安全带(图 1-79)又称全身式安全带,是高处作业人员预防坠落伤亡的防护用品,由带体、安全配绳、缓冲包和金属配件组成,具有耐磨耐霉烂、简易轻便的特点。凡是在 2m 以上的高度进行作业的工作人员都需要佩戴高空作业安全带。

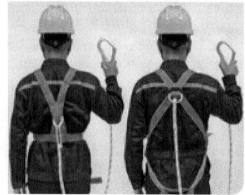

图 1-79

1.6.4 不同专业安全防护着装

(1) 医疗护理专业（图 1-80）

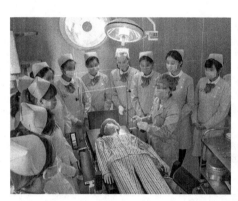

图 1-80

(2) 石油化工专业（图 1-81）

图 1-81

(3) 建筑工程专业(图 1-82)

彩图

图 1-82

(4) 化工生产专业(图 1-83)

彩图

图 1-83

(5) 基础化学防护(图 1-84)

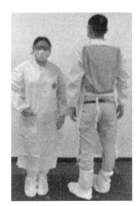
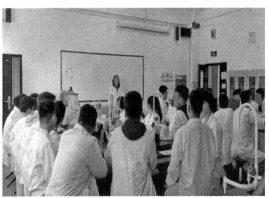

彩图

图 1-84

第 1 章 实验室安全基础

(6) 机械自动化专业（图 1-85）

图 1-85

彩图

实验实训人员除了做好个人安全防护，更重要的是要树立良好的安全意识和安全理念，掌握熟练的安全操作技术，二者相互结合，才能确保实验实训安全进行，保证实验实训场地的环保与安全。

第 2 章

实验室信息技术安全

在网络信息技术高速发展的今天,信息技术安全已经成为当前社会各领域关注的重要热点问题。近些年来,各企事业单位在信息化应用和要求方面在逐步提高,信息网络覆盖面也越来越大,网络的利用率稳步提高。利用计算机网络技术与各重要业务系统相结合,可以实现无纸办公,有效地提高了工作效率,如外部门户网站系统、内部网站系统、办公自动化系统、营销管理系统、配网管理系统、财务管理系统、生产管理系统等。然而信息化技术给人们带来便利的同时,各种网络与信息系统安全问题也逐渐暴露出来。信息安全是保障社会生产稳定安全运行的关键,是各行业领域中信息系统运作的重要部分,其优势体现在信息资源的充分共享和运作方式的高效率上,其安全的重要性不言而喻,一旦出现安全问题,可能所有的工作都会等于零。

随着网络的迅速发展和高校校园网的建设与应用,大学生已成为网络信息社会的主要群体之一,如果能有效、合理地利用互联网,将有利于拓宽思维和行为空间,也能扩大知识面。同时,信息的数量以惊人的速度急剧地增加,大量无用的、有害的信息充斥在互联网中。但部分大学生本身具有的信息安全知识、信息安全意识、信息伦理道德等信息安全素养相对缺乏,使得大学生难以辨认信息优劣和真伪,容易上当受骗甚至犯罪。同学们具备良好的信息安全素养,才能够抵御互联网中形形色色的诱惑,合理利用互联网。

2.1 信息安全

信息安全是随着信息技术的发展而不断扩展和深化的。从广义上讲,信息安全表示一个国家的社会信息化状态和信息技术体系不受威胁和侵害;从狭义上讲,信息安全是指信息资产不因偶然的或故意的原因,被非授权泄露、更改、破坏,或信息内容不被非法系统辨识、控制。信息安全主要包括信息系统的实体环境安全、系统运行安全、数据内容安全等方面。

2.1.1 信息安全威胁

随着信息技术在国民生产、生活领域的融入发展,信息技术成为社会和经济活动的重要依托。信息产业在国民经济中的比例上升,工业化与信息化的结合逐渐紧密,信息资源变成了关键的生产要素。同时伴随着信息比例的增加,社会不断加大了对信息真实和保密程度的要求，而网络化由于虚假、泄密导致的信息伤害程度也在不断增加。

（1）信息安全威胁的因素

a.物理环境影响。如通信、电力、空调系统故障等，以及水、火、地震、雷击等自然灾害，或者其他不可预见因素以及人为失误引起的物理环境改变，而导致信息系统的瘫痪。如图 2-1，通信光缆被挖断。

图 2-1

b.信息系统本身缺陷。信息系统结构越来越复杂、开放性网络协议及由于设计者本身疏忽或考虑不周会造成这样或那样的问题，如：系统硬件故障及软件故障、电磁波泄密、网络故障等。

c.技术措施、管理制度不当。如：系统安全防护配置不当、系统权限管理不当、审核制度不严等会造成在信息输入、处理、传输、存储、输出过程中存在信息容易被篡改、伪造、破坏、窃取、泄露等不安全因素。

d.人为无意或蓄意攻击。一是操作行为不规范或不熟练，无意识地造成系统不安全，如：编程错误、误操作、无意泄密等；二是以各种手段蓄意入侵信息系统，如：被动型攻击（被侦听、信息分析，非法访问、非法调用）、主动型攻击（改程序、改数据、拒绝访问）等。

（2）信息安全威胁的种类

a.信息泄露：信息被泄露或透露给某个非授权的实体。

b.破坏信息的完整性：数据被非授权地进行增删、修改或破坏而受到损失。

c.拒绝服务：对信息或其他资源的合法访问被无条件地阻止。

d.非法使用（非授权访问）：某一资源被某个非授权的人，或以非授权的方式使用。

e.窃听：用各种可能的合法或非法的手段窃取系统中的信息资源和敏感信息。例如对通信线路中传输的信号搭线监听，或者利用通信设备在工作过程中产生的电磁泄露截取有用信息等。

f.业务流分析：通过对系统进行长期监听，利用统计分析方法对诸如通信频度、通信的信息流向、通信总量的变化等参数进行研究，从中发现有价值的信息和规律。

g.假冒：通过欺骗通信系统（或用户）达到非法用户冒充成为合法用户，或者特权小的用户冒充成为特权大的用户的目的。黑客大多是采用假冒攻击。

h. 旁路控制：攻击者利用系统的安全缺陷或安全性上的脆弱之处获得非授权的权利或特权。例如，攻击者通过各种攻击手段发现原本应保密，但是却又暴露出来的一些系统"特性"，利用这些"特性"，攻击者可以绕过防线守卫者侵入系统的内部。

i. 授权侵犯：被授权以某一目的使用某一系统或资源的某个人，却将此权限用于其他非授权的目的，也称作"内部攻击"。

j. 特洛伊木马：软件中含有一个觉察不出的有害的程序段，当它被执行时，会破坏用户的安全。这种应用程序称为特洛伊木马（Trojan Horse）。

k. 陷阱门：在某个系统或某个部件中设置的"机关"，使得在特定的数据输入时，允许违反安全策略。

l. 抵赖：这是一种来自用户的攻击，比如：否认自己曾经发布过的某条消息、伪造一份对方来信等。

m. 重放：出于非法目的，将所截获的某次合法的通信数据进行拷贝，而重新发送。

n. 计算机病毒：一种在计算机系统运行过程中能够实现传染和侵害功能的程序。

o. 人员不慎：一个授权的人为了某种利益，或由于粗心，将信息泄露给一个非授权的人。

p. 媒体废弃：信息被从废弃的磁碟或打印过的存储介质中获得。

q. 物理侵入：侵入者绕过物理控制而获得对系统的访问。

r. 窃取：重要的安全物品，如令牌或身份信息被盗。

s. 业务欺骗：某一伪系统或系统部件欺骗合法的用户或系统自愿地放弃敏感信息等等。

t. 社会工程攻击：是一种通过利用受害者心理弱点、本能反应、好奇心、信任、贪婪等心理陷阱使用诸如欺骗、伤害等危害手段取得自身利益的手法，已被广泛应用于信息安全渗透和攻击之中。通常以交谈、欺骗或假冒等方式，从合法用户中套取用户系统的秘密。社会工程学陷阱极其复杂，并不能等同于一般的欺骗手法，即使自认为最警惕最小心的人一样会落入高明的社会工程学陷阱中，电信诈骗就是利用了社会工程学的手法进行牟利。

按照信息安全威胁我们可以确定信息安全的异常事件包含如下 7 个方面。

a. 设备、信息遭破坏、篡改、丢失或泄露，设置被更改。

b. 大面积感染计算机病毒。

c. 来自外部的对本单位信息系统的扫描、入侵、攻击。

d. 服务器、用户终端被植入木马，系统崩溃。

e. 内部计算机向外发送大量垃圾邮件。

f. 内部越权非法访问重要数据和文件。

g. 来自内部的对本单位信息系统的扫描、入侵、攻击、散布计算机病毒。

2.1.2 信息安全目标与防护

（1）信息安全目标

信息安全技术的使用是为了达到一定的安全目标，其核心包括保密性、完整性、可用性、可控性和不可否认性五个安全目标。

a. 保密性（confidentiality）是指阻止非授权的主体阅读信息。它是信息安全一诞生就具有的特性，也是信息安全主要的研究内容之一。更通俗地讲，就是说未授权的用户不能够获取敏感信息。对纸质文档信息，我们只需要保护好文件，不被非授权者接触即可。而对计算机及网络环境中的信息，不仅要制止非授权者对信息的阅读，也要阻止授权者将其访问的信息传递给非授权者，以致信息被泄露。

b. 完整性（integrity）是指防止信息未经授权而被篡改。它是指保护信息保持原始的状态，使信息保持其真实性。如果这些信息被蓄意地修改、插入、删除等形成虚假信息，将带来严重的后果。

c. 可用性（availability）是指授权主体在需要信息时能及时得到服务的能力。可用性是在信息安全保护阶段对信息安全提出的新要求，也是在网络化空间中必须满足的一项信息安全要求。

d. 可控性（controlability）是指对信息和信息系统实施安全监控管理，防止非法利用信息和信息系统。

e. 不可否认性（non-repudiation）是指在网络环境中，信息交换的双方不能否认其在交换过程中发送信息或接收信息的行为。

信息安全的保密性、完整性和可用性主要强调对非授权主体的控制。而对授权主体的不正当行为如何控制呢？信息安全的可控性和不可否认性恰恰是通过对授权主体的控制，实现对保密性、完整性和可用性的有效补充，主要强调授权用户只能在授权范围内进行合法的访问，并对其行为进行监督和审查。

除了上述信息安全的五性外，还有信息安全的可审计性、可鉴别性等。信息安全的可审计性是指信息系统的行为人不能否认自己的信息处理行为。与不可否认性的信息交换过程中行为可认定性相比，可审计性的含义更宽泛一些。信息安全的可鉴别性是指信息的接收者能对信息的发送者的身份进行判定。它也是一个与不可否认性相关的概念。

(2) 信息安全预防与处理

在信息技术深入全社会各领域生产、生活中的同时，当代大学生更应该树立牢固的信息安全意识与责任意识，将信息安全防控工作常态化，对于危害个人、集体信息安全的违规行为能够通过自我的信息安全知识、防护策略、防护技术等进行应急响应。信息安全防护策略包括以下几方面。

① 加强安全防护意识

每个人在日常生活中都经常会用到各种用户登录信息，比如网银账号、微博、微信及支付宝等，这些信息的使用不可避免，但与此同时这些信息也成了不法分子的窃取目标，不法分子通过登录用户的使用终端，将用户账号内的数据信息或者资金盗取。更为严重的是，当前社会上很多用户的各个账号之间都是有关联的，一旦成功窃取一个账号，其他账号的窃取便易如反掌，给用户带来更大的经济损失。因此，用户必须时刻保持警惕，提高自身安全意识，拒绝下载不明软件，不点击不明网址，提高账号密码安全等级，禁止多个账号使用同一密码等，加强自身安全防护能力。

② 数据库管理安全防范

在具体的计算机网络数据库安全管理中经常出现各类由人为因素造成的计算机网络数据库安全隐患，对数据库安全造成了较大的不利影响。例如，由于人为操作不当，可能会使计算机网络数据库中遗留有害程序，这些程序会影响计算机系统的安全运行，有时甚至会给用户带来巨大的经济损失。基于此，现代计算机用户和管理者应能够依据不同风险因素采取有效控制防范措施，从意识上真正重视安全管理保护，加强计算机网络数据库的安全管理工作力度。

③ 科学采用数据加密技术

对于计算机网络数据库安全管理工作而言，数据加密技术是一种有效手段，它能够最大限度地避免计算机系统受到病毒侵害，从而保护计算机网络数据库信息安全，进而保障相关用户的切身利益。数据加密技术的特点是隐蔽性和安全性，具体是指利用一些语言程序完成计算机数据库或者数据的加密操作。当前市场上应用最广的计算机数据加密技术主要有保密通信、防复制技术及计算机密钥等，这些加密技术各有利弊，对于保护用户信息数据具有重要的现实意义。因此，在计算机网络数据库的日常安全管理中，采用科学先进的数据加密技术是必要的，它除了能够大大降低病毒等程序入侵用户的重要数据信息外，还能够在用户的数据信息被入侵后，依然有能力保护数据信息不出现泄露问题。需要注意的是，计算机系统存有庞大的数据信息，对每项数据进行加密保护显然不现实，这就需要利用层次划分法，依据不同信息的重要程度合理进行加密处理，确保重要数据信息不会被破坏和窃取。

④ 提高硬件质量

影响计算机网络信息安全的因素不仅有软件质量，还有硬件质量，并且两者之间存在一定区别，在考虑安全性的基础上，还必须要重视硬件的使用年限问题，硬件作为计算机的重要构成要件，具有随着使用时间增加性能会逐渐降低的特点，用户应注意这一点，在日常中加强维护与修理。例如，若某硬盘的最佳使用年限为两年，尽量不要使用其超过四年。

⑤ 改善自然环境

改善自然环境是指改善计算机的使用环境。具体来说就是在计算机的日常使用中定期清理其表面灰尘，保证其在干净的环境下工作，可有效避免计算机硬件老化；最好不要在温度过高和潮湿的环境中使用计算机，注重计算机的外部维护。

⑥ 安装防火墙和杀毒软件

防火墙能够有效控制计算机网络的访问权限，通过安装防火墙，可自动分析网络的安全性，将非法网站的访问拦截下来，过滤可能存在问题的消息，一定程度上增强了系统的抵御能力，提高了网络系统的安全指数。同时，还需要安装杀毒软件，这类软件可以拦截病毒和中断系统中存在的病毒进程，对于提高计算机网络安全大有益处。

⑦ 加强计算机入侵检测技术的应用

入侵检测系统主要是针对数据传输安全检测的操作系统，通过入侵检测系统（IDS）的使用，可以及时发现计算机与网络之间的异常现象，通过报警的形式给予使用者提示。为更好地发挥入侵检测技术的作用，通常在使用该技术时会辅以密码破解技术、数据分析技术等一系列技术，确保计算机网络安全。

⑧ 其他措施

为计算机网络安全提供保障的措施还包括提高账户的安全管理意识、加强网络监控技术的应用、加强计算机网络密码设置、安装系统漏洞补丁程序等。

信息安全防御技术包括以下几种。

① 入侵检测技术

在使用计算机软件学习或者工作的时候，多数用户会面临程序设计不当或者配置不当的问题，若是用户没能及时解决这些问题，就使得他人更加轻易地入侵到自己的计算机系统中来。例如，黑客可以利用程序漏洞入侵他人计算机，窃取或者损坏信息资源，给他人造成一定程度的经济损失。因此，在出现程序漏洞时用户必须及时处理，可以通过安装漏洞补丁来解决问题。此外，入侵检测技术也能更加有效地保障计算机网络信息的安全性，该技术是通信技术、密码技术等技术的综合体。用户合理利用入侵检测技术，能够及时了解到计算机中存在的各种安全威胁，并采取一定的措施进行处理。

② 防火墙以及病毒防护技术

防火墙是一种能够有效保护计算机安全的重要技术，由软硬件设备组合而成，通过建立检测和监控系统来阻挡外部的入侵。用户可以使用防火墙有效控制外界因素对计算机系统的访问，确保计算机的保密性、稳定性以及安全性。病毒防护技术是指通过安装杀毒软件进行安全防御，并且应及时更新软件，如金山毒霸、360安全防护中心、电脑管家等。病毒防护技术的主要作用是对计算机系统进行实时监控，同时防止病毒入侵计算机系统对其造成危害，将病毒进行截杀与消灭，实现对系统的安全防护。除此以外，用户还应当积极主动地学习计算机安全防护的知识，在网上下载资源时尽量不要选择不熟悉的网站，若是必须下载则还要对下载好的资源进行杀毒处理，保证该资源不会对计算机安全运行造成负面影响。

③ 数字签名以及生物识别技术

数字签名技术主要针对电子商务，该技术有效地保证了信息传播过程中的保密性以及安全性，同时也能够避免计算机受到恶意攻击或侵袭等问题发生。生物识别技术是指通过对人体的特征识别来决定是否给予应用权利，主要包括了指纹、视网膜、声音等。这种技术有着绝对针对性，能够最大程度地保证计算机互联网信息的安全性，现如今应用最为广泛的技术之一就是指纹识别技术，该技术在安全保密的基础上也有着稳定简便的特点，为人们带来了极大的便利。

④ 信息加密处理与访问控制技术

信息加密技术是指用户可以对需要进行保护的文件进行加密处理，设置有一定难度的复杂密码，并牢记密码保证其有效性。此外，用户还应当对计算机设备进行定期检修以及维护，加强网络安全保护，并对计算机系统进行实时监测，防范网络入侵与风险，进而保证计算机的安全稳定运行。访问控制技术是指通过用户的自定义对某些信息进行访问权限设置，或者利用控制功能实现访问限制，该技术能够使得用户信息被保护，也避免了如非法访问这类情况的发生。

⑤ 安全防护技术

包含网络防护技术［如防火墙、统一威胁管理（UTM）、入侵检测防御等］、应用防护技术（如应用程序接口安全技术等）、系统防护技术（如防篡改、系统备份与恢复技术等）等防止外部网络用户以非法手段进入内部网络，访问内部资源，保护内部网络操作环境的相关技术。

⑥ 安全审计技术

包含日志审计和行为审计，通过日志审计协助管理员在受到攻击后察看网络日志，从而评估网络配置的合理性、安全策略的有效性，追溯分析安全攻击轨迹，并能为实时防御提供手段。通过对员工或用户的网络行为审计，确认行为的合规性，确保信息及网络使用的合规性。

⑦ 安全检测与监控技术

对信息系统中的流量以及应用内容进行二至七层的检测并适度监管和控制，避免网络流量的滥用、垃圾信息和有害信息的传播。

⑧ 解密、加密技术

在信息系统的传输过程或存储过程中进行信息数据的加密和解密。

⑨ 身份认证技术

身份认证技术是用来确定访问或介入信息系统用户或者设备身份的合法性的技术，典型的手段有用户名口令、身份识别、PKI证书和生物认证等。

2.2 数据安全

2021年6月10日，第十三届全国人民代表大会常务委员会第二十九次会议通过《中华人民共和国数据安全法》，自2021年9月1日起施行。数据信息作为一种资源，它的普遍性、共享性、增值性、可处理性和多效用性，使其对于人类具有特别重要的意义。数据的完整性、可用性、保密性和可靠性，是任何国家、政府、部门、行业都要必须十分重视的问题，是一个不容忽视的安全战略问题。

2.2.1 数据安全特征

在涉及数据的处理过程中，要通过有效保护和合法利用来确保数据安全，使数据具备保障持续安全状态的能力。数据安全就是要保证数据处理全过程安全，而数据处理包括数据的收集、存储、使用、加工、传输、提供、公开等。

数据处理安全是为了有效防止数据在录入、处理、统计或打印中由于硬件故障、断电、死机、人为的误操作、程序缺陷、病毒或黑客等造成的数据库损坏或数据丢失现象，防止某些敏感或保密的数据可能被不具备资格的人员或操作员阅读，而造成数据泄密等后果。

数据存储安全也是有效保障数据安全的重要手段。要有效保证数据库存储安全，一旦数据库被盗，即使没有原来的系统程序，照样可以另外编写程序对盗取的数据库进行查看或修改。从这个角度说，不加密的数据库是不安全的，容易造成商业泄密，所以便衍生出数据防泄密这一概念，这就涉及了计算机网络通信的保密、安全及软件保护等问题。

(1) 数据安全等级

根据数据泄露所造成的影响范围、影响对象、影响程度可将数据划分如下五个等级。

绝密：极度敏感的信息，如果受到破坏或泄露，可能会使组织面临严重财务或法律风险，例如财务信息、系统或个人认证信息等。

机密：高度敏感的信息，如果受到破坏或泄露，可能会使组织面临财务或法律风险，例如信用卡信息、个人健康信息或商业秘密等。

秘密：受到破坏或泄露的数据可能会对运营产生负面影响，例如与合作伙伴和供应商的合同、员工审查等。

内部公开：非公共披露的信息，例如销售手册、组织结构图、员工信息等。

外部公开：可以自由公开披露的数据，例如市场营销材料、联系信息、价目表等。

(2) 数据安全特征

① 机密性（confidentiality）

机密性又称保密性，是指个人或团体的信息不被其他不应获得者获得。在电脑中，许多软件包括邮件软件、网络浏览器等，都有保密性相关的设定，用以维护用户资讯的保密性，另外间谍档案或黑客有可能会造成保密性的问题。

② 完整性（integrity）

数据完整性是信息安全的三个基本要点之一，指在传输、存储信息或数据的过程中，确保信息或数据不被未授权地篡改、破坏、盗用、丢失或在篡改、破坏、盗用、丢失后能够被迅速发现。

③ 可用性（availability）

数据可用性是一种以使用者为中心的设计概念，可用性设计的重点在于让产品的设计能够符合使用者的习惯与需求。以互联网网站的设计为例，希望让使用者在浏览的过程中不会产生压力或感到挫折，并让使用者在使用网站功能时，能用最少的努力发挥最大的效能。基于这个原因，任何有违信息的"可用性"原则都算是违反信息安全的规定。

2.2.2 数据存储与保护

（1）保护重要数据和文件

a.重要数据和文件的存储应根据不同的需要按规定进行加密和设置访问权限，并及时存放到指定的专用数据服务器，进行有效保护，防泄密和以备灾难恢复使用。

b.重要数据和文件应及时按规定进行备份，关系到单位业务连续性的重要数据和文件应根据实际需要进行备份，核心数据和文件应在本地备份的基础上进行异地备份。

c.重要数据和文件不要放在共享文件夹内，确因工作需要临时设立共享文件夹的，应设置口令，并应针对不同的用户名（账号）设置不同的操作权限。临时共享文件夹使用结束后，要立即取消。

（2）备份重要数据和文件

对于重要数据和文件应及时按规定进行备份，以防止意外发生，确保恢复重要数据和文件。备份的方法有：本地备份、异地备份、在线备份、离线备份。对于个人在工作中最常遇见的文件备份是用移动存储介质或电脑磁盘专用分区将重要数据和文件保存下来。

备份的数据和文件主要包括：电子邮件及附件内容、重要的数据和文件、通讯录、表单。

（3）正确保管与使用存储介质

与工作内容有关的各种介质，必须由专人保管，并保存在安全的场所，远离水源及火源，避免阳光直接照射以及潮湿场所。如果单位或部门有特别要求，要遵照规定，放在指定的地方。

严禁在单位的计算机上使用与工作无关的存储介质。严禁擅自将工作用的各类存储介质带出工作区域，因工作需要带出工作区域的，须经批准后登记备案才能带出。

打印机是将电子媒介转换成纸质媒介的重要设备。因此，未经许可，不得将与工作内容有关的重要文件打印出来，也不得将打印出来的重要文件带出单位。打印过程中产生的废纸片必须做碎纸处理。

严禁随意丢弃废弃的存储介质，使用者应将废弃的存储介质清除信息后交回单位，由单位相关人员统一销毁。

2.2.3 异常情况与安全事件处理

（1）计算机日常使用常见的异常情况

a.键盘、打印、显示有异常现象。

b. 运行速度突然减慢。
c. 信息系统出现异常死机或死机频繁。
d. 文件长度、内容、属性、日期无故改变。
e. 文件、数据丢失。
f. 系统引导过程变慢或引导不出、不能开机。
g. 信息系统存储容量异常减少或有不明程序常驻。
h. 系统不识磁盘。
i. 整个目录变乱码。
j. 硬盘指示灯无故闪亮。
k. 没做写操作时出现"磁盘写保护"提示。
l. 异常要求用户输入口令。
m. 程序运行出现异常现象或不合理结果。
n. 服务器、用户终端敏感信息被删或修改。
o. 服务器、用户终端系统审计日志被删。
p. IP 地址冲突或被盗用。
q. IC 卡被封、丢失或被盗。
r. 感染计算机病毒。
s. 信息系统、网络配置被非法改动。
t. 出现大量非法的 IP 包。
u. 涉密存储介质遗失或被盗。
v. 用户信息、数据遭篡改、丢失或泄露。
w. IT 设备遭破坏。

（2）正确处理计算机日常使用遇到的异常情况
a. 遇到异常情况应立即断开计算机与网络的连接。
b. 把异常情况报告给信息安全管理人员。
c. 信息安全管理人员到场后，确认计算机与网络断开和异常情况。
d. 指定专人对计算机进行诊断，排除异常情况，恢复性能和信息。
e. 对产生的异常情况进行分析鉴定，形成异常情况处理报告。
f. 向单位信息安全责任人提出单位信息安全管理、技术改进方案。
g. 向单位信息系统使用人员通报事件情况和相关信息。
h. 记录备案整个异常情况的处理过程及文件。

一旦发生信息安全事件，信息安全管理人员及时向上级汇报，根据事件危害程度请示启动单位信息安全应急处置预案，按照预案组织力量和设备，并按照预案处置流程进行各项处置工作。一旦本单位无法解决信息安全事件应立即上报上级主管单位，直至信息化领导部门，以调动资源尽快解决。

2.3 网络安全

计算机网络安全是指利用网络管理控制和技术措施，保证在一个网络环境里，信息数据的机密性、完整性及可使用性受到保护。从广义来说，凡是涉及网络上信息的保密性、完整性、可用性、不可否认性和可控性的相关技术和理论都是网络安全的内容。

计算机网络是由一个主根控制的网，网络其他部分与主根都是从属关系，包含不同协议的外来接入网，无论这个网络扩张到多大，这些接入网都是这个主根网的子节点。

目前，广义上来讲全世界只有一个大的网络即因特网（Internet），很少有独立于因特网的网络。在互联网的根域名服务器主要用来管理互联网的主目录，全世界只有13台根域名服务器，1个为主根服务器，在美国。其余12个均为辅根服务器，其中9个在美国，欧洲有2个，位于英国和瑞典，亚洲有1个位于日本。所有根域名服务器均由美国政府授权的互联网名称与数字地址分配机构ICANN统一管理，它负责全球互联网域名根服务器、域名体系和IP地址等的管理，这13台根服务器可以指挥Firefox或Internet Explorer这样的Web浏览器和电子邮件程序控制互联网通信。

国际上网络安全问题非常严峻，个别国家到处去监听别的国家，主要监听战略竞争对手、敌对国家甚至盟友。

我们国家非常重视网络安全，已经把网络安全上升到国家战略层面。2016年12月27日，国家互联网信息办公室发布了《国家网络空间安全战略》（以下简称《战略》）。《战略》贯彻落实了习近平主席网络强国战略思想，阐明了中国关于网络空间发展和安全的重大立场和主张，明确了战略方针和主要任务，切实维护国家在网络空间的主权、安全、发展利益，是指导国家网络安全工作的纲领性文件。没有网络安全就没有国家安全，就没有经济社会稳定运行，广大人民群众利益也难以得到保障。网络安全和信息化是事关国家安全和国家发展、事关广大人民群众工作生活的重大战略问题，要从国际国内大势出发，总体布局，统筹各方，创新发展，努力把我国建设成为网络强国。经过几代科学家的努力与拼搏，我国在绝对不会"泄密"的量子通信领域研究方面处于国际领先水平。2021年1月7日，中国科学技术大学宣布中国科研团队成功实现了跨越4600公里的星地量子密钥分发，标志着我国已构建出天地一体化广域量子通信网雏形。2022年4月13日，北京量子信息科学研究院、清华大学龙桂鲁教授团队和陆建华教授团队共同设计出了一种相位量子态与时间戳量子态混合编码的量子直接通信新系统，成功实现100公里的量子直接通信，这是目前世界最长的量子直接通信距离。

2.3.1 使用计算机网络时哪些行为必须绝对禁止

根据国家信息安全法律法规和有关文件的规定，下列行为是我国每一个普通公民都必须遵守的，国家机关工作人员则更应做到。

a. 不得违反国家规定，侵入国家事务、国防建设、尖端科学技术领域的计算机信息系统。

b. 未经授权，不得违反国家规定，对计算机信息系统功能进行删除、修改、增加、干扰；不得对计算机信息系统中存储、处理或者传输的数据和应用程序进行删除、修改、复制和增加的操作。

c. 不得利用计算机实施金融诈骗、盗窃、贪污、挪用公款、窃取国家机密或者其他犯罪的行为。

d. 不得违反国家规定，擅自中断计算机网络或者通信服务，造成计算机网络或者通信系统不能正常运行。

e. 不得利用互联网造谣、诽谤，或者发表、传播其他有害信息，煽动颠覆国家政权、推翻社会主义制度，或者煽动分裂国家、破坏国家统一。

f. 不得利用互联网非法组织危害社会稳定的集会、游行等活动。

g. 不得通过互联网窃取、泄露国家秘密、情报或者军事秘密；不得利用互联网煽动民族仇恨、民族歧视，破坏民族团结。

h. 不得利用互联网组织邪教组织，联络邪教组织成员；不得利用互联网破坏国家法律、行政法规的实施；不得利用互联网销售伪劣产品或者对商品、服务做虚假宣传。

i. 不得利用互联网截获、篡改、删除他人电子邮件或者其他数据资料，侵犯公民通信自由和通信秘密。

j. 不得使用电子邮件发送密级文件。

k. 不得制作、传播计算机病毒。

l. 不得向社会发布虚假的计算机病毒疫情。

m. 禁止通过单位代理服务访问与工作无关的站点，禁止利用单位网络发布与工作无关的信息。

n. 不得在单位网络上擅自设置代理服务器、BBS、NEWS、FTP 等各种形式的网络服务。

o. 严禁访问色情、赌博、暴力和破坏社会秩序的宣传站点。

p. 严禁在网上散布淫秽信息、破坏社会秩序的宣传性和政治性评论信息。

2.3.2　使用电子邮件时应注意些什么

a. 邮件和邮件通讯录都要做好备份。

b. 发送邮件大小不超过邮箱总容量，一般附件大小应做适当控制。

c. 多个文档文件作为附件发送时，应采取文件压缩打包发送。

d. 群发邮件时注意收件人地址数量，一次收件人地址不应太多。

e. 邮箱用户名（账号）应该设置口令。

f. 以 Web 方式收取邮件，在阅读完毕时，要退出登录，并关闭网页。

g. 不使用邮件内容预览功能。

h. 对可疑邮件直接删除。

i. 对附件中可疑后缀的文件如以 exe、com、pif、scr、vbs 为后缀的文件，不要轻易打开。

j. 重要邮件应使用加密邮件发送。

k. 应该及时清理自己的个人邮箱，删除或转移邮件，以保证邮箱的可用容量。

l. 对于多个邮箱的使用最好做分类处理。例如，其中一个用作单位内部工作邮箱，另一个用作单位对外联络邮箱。

电子邮件 E-mail 是 Internet 上使用最广泛的一种服务。用户只要能与 Internet 连接，具有能收发电子邮件的程序及个人的 E-mail 地址，就可以与 Internet 上具有 E-mail 的所有用户方便、快速、经济地交换电子邮件，也可以向多个用户发送同一封邮件，或将收到的邮件转发给其他用户。电子邮件中除文本外，还可包含声音、图像、应用程序等各类计算机文件。此外，用户还可以邮件方式在网上订阅电子杂志、获取所需文件、参与有关的公告和讨论组。但是从技术上看，没有任何办法可以阻止攻击者截获需要在网络上传输的数据包。保护电子邮件安全的唯一方法就是让攻击者截获了数据包但无法阅读它，即对电子邮件的内容进行某种形式的加密处理（图2-2）。

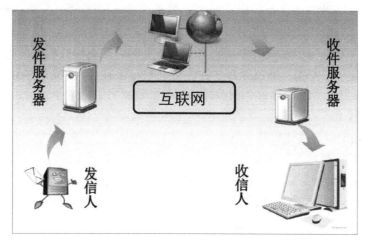

图 2-2

2.3.3 使用电子邮件时哪些行为是禁止的

a. 不要打开来历不明、具有奇怪标题或者非常有诱惑性标题的电子邮件。

b. 不要在本机上存储邮箱用户名（账号）、口令。

c. 禁止任何员工发送、有意接收垃圾邮件或与工作无关的电子邮件，更不允许发送要求接收者转发的与工作无关的邮件。

d. 严禁在邮件内容中透露涉及单位和个人的重要信息内容，如身份证、银行用户名（账号）、计算机用户名（账号）、口令等。

e. 单位邮箱必须用于工作联系，不得用于其他私人事务的联络。

f. 禁止利用单位网络私自订阅电子杂志（包括报刊、新闻、论坛信息等）。

2.3.4 如何预防垃圾邮件

a. 给自己的信箱起个"好名字"。如果用户名过于简单或者过于常见，则很容易被当作攻击目标。许多人习惯用自己姓名的拼音作为用户名，但一般过于简单，很容易被垃圾邮件发送者捕捉到。因此在申请邮箱时，不妨起个保护性强一点的用户名，比如英文和数字的组合，尽量长一点，可以少受垃圾邮件骚扰。

b. 避免泄露邮件地址。在浏览页面时，千万不要到处登记邮件地址，也不要轻易告诉别人，朋友之间互相留信箱地址时可采取变通的方式，可改写为朋友一看便知、而 E-mail 收集软件则不能识别的地址，防止被垃圾邮件攻击。

c. 不要随便回应垃圾邮件。当收到垃圾邮件时，不论多么愤怒，千万不要回应，在这里"沉默是金"，因为一旦回复，就等于告诉垃圾邮件发送者地址是有效的，这样会招来更多的垃圾邮件。另外还有一种方式，为了证明 E-mail 地址是否有效，很多垃圾邮件发送者在邮件中往往以抱歉的语气说："若您不需要我们的邮件，请回复，我们将不再向您发送邮件。"如果用户真的回复，就上了他们的当了，最好的办法是不理不睬，把发件人列入拒收名单。

d. 借助反垃圾邮件的专门软件。市面上一般都能买到这种软件，如可用 Bounce Spam Mail 软件给垃圾邮件制造者回信，告之所发送的信箱地址是无效的，免受垃圾邮件的重复骚扰。而 McAfee SpamKiller 也可以防止垃圾邮件，同时自动向垃圾邮件制造者回复"退回"等错误信息，防止再次收到同类邮件。

e. 使用好邮件管理、过滤功能。Outlook Express、Foxmail 和 qqmail 都有很不错的邮件管理功能，用户可通过设置过滤器中的邮件域名、邮件主题、来源、长度等规则对邮件进行过滤。垃圾邮件一般都有相对统一的主题，如"促销"等，若不想收到这一类邮件，可以试着将过滤主题设置为包含这些关键字的字符。

f. 学会使用远程邮箱管理功能。一些远程邮箱监视软件，能够定时检查远程邮箱，显示主题、发件人、邮件大小等信息，用户可以根据这些信息判断哪些是正常邮件，哪些是垃圾邮件，从而直接从邮箱里删除那些垃圾，而不用每次把一大堆邮件下载到自己的本地邮箱后再来删除。

g. 选择服务好的网站申请电子邮箱地址。垃圾邮件的监测主要是靠互联网使用者的信用和服务提供商对垃圾邮件进行过滤。好的服务提供商更有实力发展自己的垃圾邮件过滤系统。

h. 使用有服务保证的收费邮箱，收费邮箱的稳定性要好于免费邮箱。随着技术更完善的新服务的出现，同时，未来双向认证的电子邮件系统的出现，也会让垃圾邮件渐渐远离人们的生活。

2.3.5 如何正确使用与安装计算机软件

计算机软件应由单位统一安装，个人不得在单位的计算机上随便删减已有软件，或新装软件，包括各种应用软件。在使用计算机软件时，必须做到以下几点。

a. 不得拒绝信息安全员下发的升级、安装指令。
b. 不得私自改变系统配置。
c. 不得私自删除各种软件在本机的客户端程序。
d. 禁止私自安装任何软件。
e. 禁止未经批准的应用系统在内部网络上使用。

2.3.6 计算机病毒

计算机病毒是指编制或者在计算机程序中插入的破坏计算机功能或者毁坏数据，影响计算机使用，并能自我复制的一组计算机指令或者程序代码。这是《中华人民共和国计算机信息系统安全保护条例》第二十八条中明确定义的。

(1) 计算机病毒的特点

a. 繁殖性。计算机病毒可以像生物病毒一样进行繁殖，当正常程序运行时，它也进行运行自身复制，具有繁殖、感染的特征是判断某段程序为计算机病毒的首要条件。

b. 破坏性。计算机中毒后，可能会导致正常的程序无法运行，使计算机内的文件删除或受到不同程度的损坏。如破坏引导扇区及 BIOS、硬件环境遭破坏。

c. 传染性。计算机病毒传染性是指计算机病毒通过修改别的程序将自身的复制品或其变体传染到其他无毒的对象上，这些对象可以是一个程序也可以是系统中的某一个部件。

d. 潜伏性。计算机病毒潜伏性是指计算机病毒可以依附于其他媒体寄生的能力，侵入后的病毒潜伏到条件成熟才发作，会使电脑变慢。

e. 隐蔽性。计算机病毒具有很强的隐蔽性，可以通过病毒软件检查出来少数，隐蔽性计算机病毒时隐时现、变化无常，这类病毒处理起来非常困难。

f. 可触发性。编制计算机病毒的人，一般都为病毒程序设定了一些触发条件，例如，系统时钟的某个时间或日期、系统运行了某些程序等。一旦条件满足，计算机病毒就会"发作"，使系统遭到破坏。

（2）计算机病毒的分类

由于计算机病毒种类繁杂，其变形病毒也数不胜数，很难对病毒作精确的分类。通过了解计算机感染病毒出现的现象，有助于用户针对不同的病毒采取相应杀毒措施。下面我们就计算机常见的病毒做一下分类。

a. BIOS 病毒。通常，计算机如果感染了此类病毒，会出现下面的现象：开机运行几秒后突然黑屏；外部设备无法找到；电脑发出异样声音。

b. 硬盘引导区病毒。计算机如果感染了此类病毒，会出现下面的现象：无法正常启动硬盘；引导时出现死机现象；执行 C 盘时显示"Not ready error drive A Abort, Retry, Fail"。

c. 操作系统病毒。计算机如果感染了此类病毒，会出现下面的现象：引导系统时间变长；计算机处理速度比以前明显变慢；系统文件出现莫名其妙的丢失或字节变长、日期修改等现象；系统生成一些特殊的文件；驱动程序被修改使得某些设备不能正常工作；光驱丢失；计算机经常死机或重新启动。

d. 应用程序病毒。计算机如果感染了此类病毒，会出现下面的现象：启动应用程序出现"非法错误"对话框；应用程序文件变大；应用程序不能被复制、移动、删除；硬盘上出现大量无效文件；某些程序运行时载入时间变长；信息系统运行速度明显减慢；平时运行正常的计算机突然经常性无缘无故地死机；文件长度发生变化；磁盘空间迅速变化；文件丢失或文件损坏；屏幕上出现异常显示；计算机的喇叭出现异常声响；网络驱动器或共享目录无法调用；对存储系统异常访问；键盘输入异常；文件无法正确读取、复制或打开；命令执行出现错误；虚假报警；以前能正常运行的软件经常发生内存不足的错误甚至死机；系统异常重新启动；打印和通信发生异常；异常要求用户输入口令；Word 或 Excel 提示执行"宏"；不应驻留内存的程序驻留内存；自动链接到一些陌生的网站。

e. U 盘病毒（图 2-3）。U 盘病毒会将 U 盘内的文件全部隐藏，并且复制出与原文件名称、外表相同的病毒程序文件（后缀名一般为 exe、bat），当用户误认点击时就会激活病毒。

在 U 盘内所有的程序文件被插入病毒，

图 2-3

无论用户打开哪个程序都会导致 U 盘中病毒。这种情况下只能通过杀毒软件才能把病毒从程序中清除掉。病毒会直接在每一个文件夹下面生成一个与该文件夹同名的 exe 文件，这种情况与第一种情况相似，但是更容易导致用户混淆。

病毒会在 U 盘根目录下生成一个病毒伪装的 Autorun.inf 引导文件（隐藏文件），当用户将 U 盘插入电脑使用后，操作系统就会自动激活此引导文件，从而导致 U 盘中毒。

U 盘病毒入侵电脑后，部分用户在电脑系统运行时发现，CPU 使用率高达 90%，清理运行后虽有所下降，但又会迅速变高，影响系统正常使用。

部分用户在插入病毒 U 盘后电脑立刻死机，出现蓝屏、黑屏等情况。

另外，计算机病毒的命名有一定的规律性。在命名完成后，看到计算机病毒的名字就知道它是哪一类病毒了。

① 系统病毒

前缀为：Win32、PE、Win95、W32、W95 等。此类病毒一般是感染 Windows 操作系统的.exe 和.dll 文件，并通过这些文件传播。

② 蠕虫病毒

前缀为：Worm。此类病毒通过网络或系统漏洞传播，所属蠕虫病毒都具有向外发送带毒邮件、阻塞网络的特性，如冲击波（阻塞网络）、小邮差（发带毒邮件）等。

③ 木马病毒、黑客病毒

木马病毒前缀：Trojan；黑客病毒前缀：Hack。

④ 脚本病毒

前缀为：Script。此类病毒使用脚本语言编写，通过网页传播。有的脚本病毒还会有如下前缀：VBS、JS（表明是哪种脚本编写的）。

⑤ 宏病毒

前缀为：Macro。第二前缀是：Word、Excel 其中之一。宏病毒是针对 Office 系列的。

⑥ 后门病毒

前缀为：Backdoor。此类病毒通过网络传播，给系统开后门，给用户的计算机带来安全隐患。

⑦ 病毒种植程序病毒

前缀为：Dropper。此类病毒是运行时从体内释放出一个或几个新的病毒到系统目录下，由释放出来的新病毒产生破坏。

⑧ 破坏性程序病毒

前缀为：Harm。此类病毒本身具有好看的图标来诱惑用户点击，当用户点击时，病毒会对计算机产生破坏。

⑨ 玩笑病毒

前缀为：Joke，也称为恶作剧病毒。此类病毒也是本身具有好看的图标诱惑用户点击，当用户点击时，病毒会做出各种破坏操作来吓唬用户，但其实病毒并没有对计算机产生破坏。

⑩ 捆绑机病毒

前缀为：Binder。此类病毒会使用特定的捆绑程序将病毒与一些应用程序如 QQ、浏览器等捆绑起来，表面上看是正常的文件。当用户运行这些被捆绑的应用程序时，会隐藏地运行捆绑在一起的病毒，从而给用户造成危害。

2.3.7 如何防范计算机病毒

防范计算机病毒常用的技术手段可归纳为：操作系统和防病毒软件的及时升级、重要信息的及时备份。但完美的系统是不存在的，过于强调提高系统的安全性将使系统多数时间用于病毒检查，系统失去了可用性、实用性和易用性，所以防范计算机病毒就需加强内部网络管理人员以及使用人员的安全意识。

个人计算机病毒的防范主要要求如下。

a. 参加单位组织的各项安全培训和讲座，提高防范意识和技能。
b. 遵守各单位结合自己情况建立的计算机病毒防治管理制度。
c. 防病毒软件由单位统一安装，尽量不要同时安装两种防病毒程序。
d. 按要求及时升级防病毒软件、操作系统和应用软件补丁。
e. 按要求和操作规范关闭办公电脑上不用的端口，防止各种恶意程序的进入和信息外泄。
f. 在接收电子邮件时，要仔细观察，不打开来历不明的邮件。
g. 未经许可不在电脑中安装其他软件（如代理、外挂程序等等）。
h. 及时做好重要信息的备份工作，使用存储介质时，要确认不带病毒。
i. 确保提供共享的信息资源中不带病毒。
j. 经常检查系统后台进程中有无可疑程序在运行，一旦发现及时清除。
k. 使用安全监视软件（比如360安全卫士），主要防止浏览器被异常修改，插入钩子程序，安装不安全恶意的插件。
l. 关闭电脑自动播放。
m. 注意网址正确性，避免进入山寨网站。

2.3.8 怀疑或发现计算机感染病毒后该如何操作

a. 断开与网络的连接。
b. 立即联系信息技术人员，在信息技术人员的帮助下执行 c~f 的操作。
c. 重新启动计算机。
d. 进入系统安全模式（步骤要求：系统自检期间按"F8"键）。
e. 打开防病毒软件，扫描所有磁盘（步骤要求：确保病毒特征库为最新更新）。
f. 用备份信息恢复遭受破坏的信息。

2.3.9 无线网络安全

为了工作和生活方便，很多人在办公区域或家里安装了无线路由器，无线网络带来便捷的同时，也容易遭受攻击。如果企业的无线网络被攻破，通常情况下，攻击者能够顺利地进入内网环境访问公司内部网络敏感资源，或者直接渗透进入敏感部门人员使用的计算机获取重要文档等。因此，无线网络的安全设置同样重要。

Wi-Fi 普遍的定义是一种允许电子设备连接到一个无线局域网（WLAN）的技术，有些 Wi-Fi 设置成加密状态，也有些 Wi-Fi 是开放的、不需要密码即可接入的。最常见的 Wi-Fi 信号来自于无线路由器，无线路由器如果本身连接到了互联网，那么它也可以被称为热点。Wi-Fi 其实就是一种把有线上网的方式转变为无线上网方式的技术，几乎现在所有的智能手机、平板电脑和笔记本电脑都具备 Wi-Fi 接入功能。

Wi-Fi 技术是众多无线通信技术中的一个分支,是现在家庭、办公、酒店、会议场所等常用的一种组网上网方式。

无线网络主要由基本服务单元(BSS)、站点(station)、接入点(AP)、扩展服务单元(ESS)组成。这里特别说明,在破解 Wi-Fi 密码的过程中,BSS 可以简单理解为无线路由器的 MAC 地址,站点就是已经连接到无线路由器的手机、平板等无线终端设备,接入点(AP)指无线路由器本身,ESS 常见的表现形式是 SSID,也就是大家给无线路由器信号设置的网络名称。

组建一套基本的 Wi-Fi 网络环境,最常见的就是无线路由器和具备无线网卡的上网终端。图 2-4 就是典型的 Wi-Fi 组网上网示意图。

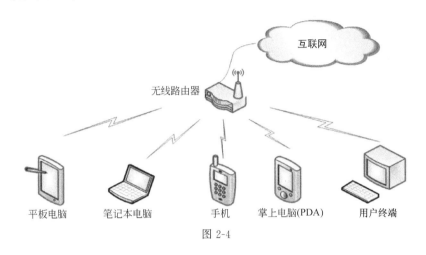

图 2-4

(1) 无线网络面临的安全问题

目前,无线网络所面临的安全问题主要包括以下几种类型。

a. 由于无线路由器的 DNS 设置被暴力篡改,导致用户在浏览网页过程中出现非法弹窗,或者是进入钓鱼网站。

b. 由于公共场所无线网络的开放性,导致黑客对连接该无线网络的用户进行监听,用户信息因此而泄露。

c. 无线网络密码设置过于简单,黑客可以采用多种技术手段在短时间内破解密码,使网络风险增加。

d. 无线网络的信号受外部电磁环境影响较大,不法分子可以利用信号干扰无线网络的稳定性,甚至影响无线路由器的正常工作。

(2) 无线网络安全的防范措施

尽管无线网络技术存在诸多安全风险,但是通过加强以下五个方面的网络安全防范措施,无线网络存在的风险可以大大降低。

① 对无线路由器的 SSID 进行设置

SSID(service set identifier)是无线路由器的名字,属于服务集标识,对于私人无线路由器的设置,因为开启了 SSID 广播功能,将在一定范围内广播该无线网络的名字,也就暴露了网络位置,从而导致一定的安全风险存在。因此,为确保无线网络的安全性,应当在 SSID 设置方面关闭其广播功能,并对连接该无线网络的移动终端进行设置,使其能够自由访问该网络。除此之外，由于无线路由器厂商习惯性的命名方式，在 SSID 设置方面通常使用数字、字母组合的形式，即便关闭了 SSID 广播功能，黑客依然可以借助工具来寻找范围内的无线网络。基于此类工具多为国外黑客开发设计，还无法识别中文名字命名的无线网络，所以，将 SSID 修改成中文，能够有效避免黑客通过此类工具攻击、控制无线网络。

② 启动无线路由器中的 MAC 地址过滤功能

所谓 MAC 地址，是指移动数字终端的硬件地址，该硬件地址具有唯一性，长度为 48bit，为 16 进制排列的数字组合。在无线路由器设置中，启动 MAC 地址过滤，可以有效防止非法 MAC 地址访问。然而，基于 MAC 地址过滤技术的无线网络安全防御策略依然存在漏洞，黑客能够通过克隆 MAC 地址的方式接入无线网络，因此，在采用 MAC 地址过滤方法的同时，还应与其他技术相配合，以提高无线网络的安全性。

③ 更改无线路由器的初始账号与密码

无论是公共无线网络还是个人无线网络，大多数人在设置无线网络账号、密码时，为了图方便，经常默认无线路由器的出厂设置，甚至是不对无线路由器进行加密。这些无线路由器的账号、密码较为简单，如不加以修改，他人可以轻松进入无线网络系统，进而对网络安全造成隐患。因此，在设置无线路由器的过程中，要注意修改默认的无线网络名称，并尽量使用复杂的字母、数字、符号排列模式，提高无线互联网的安全性。

④ 选择正确的无线网络加密模式

提高无线网络安全性的指标之一就是选择相对应的加密模式，目前，无线路由器的主要加密方法有 WEP 技术、WPA 技术和 WPA2 技术三种类型。其中，作为最早的无线网络加密方式，WEP 存在大量的安全漏洞，作为替代技术的 WPA 虽然采用了动态加密协议，却依然能够通过词典穷举的方法进行破解，后期的 WPA2 加密方式则是在 WPA 的基础上增加了 AES 加密技术，提高了无线网络的安全性。

⑤ 关闭无线路由器的 WPS 功能

WPS 技术是 Wi-Fi 的一种可选设置，启用 WPS 设置，能够简化无线网络配置过程中繁琐的步骤，同样也包括无线网络加密设置。然而，当前 WPS 一键设置功能所使用的字符串是随机的，所以，黑客能够利用软件进行破解，从而进入无线路由器内部进行管理。在这种情况下，应当关闭无线路由器的 WPS 一键设置功能，通过人工设置提高网络的安全性。

(3) 无线网络安全设置

a. 创建管理员的登录密码。这里的密码要尽量设置复杂一些，如字母、数字及特殊符号的组合，不要使用 123456、admin 等弱口令（图 2-5）。

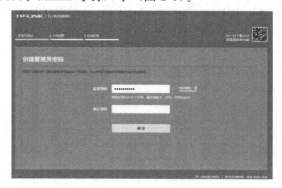

图 2-5

b. 无线设置，即设置无线网络接入名称及密码。尽量不要使用路由相关和自己相关的无线名称，最好更改为中文名称并关闭无线广播功能，设置完成后单击"保存"按钮（图2-6）。

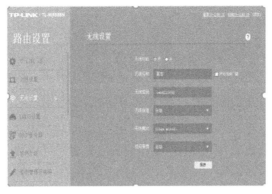

图 2-6

c. 访客网络设置。进入应用管理设置，点击访客网络的"进入"按钮，进入到访客网络的详细设置界面（如图2-7所示），除了要设置连接密码外，从安全的角度更要设置不允许访问内网资源。

图 2-7

d. 管理员身份限定设置。无线路由器默认情况下，任何设备都可以通过后台登录页面对路由器进行管理，存在较大的安全隐患。可以通过设置特定MAC地址登录的方式，限制管理路由器的设备。在应用管理中，进入"管理员身份设定"功能，在下拉菜单中选择"仅允许指定MAC地址的设备管理路由器"，如图2-8所示。

图 2-8

选择"从已连接设备中选择添加",从弹出的对话框中,勾选要作为管理的设备,如下图 2-9 所示。选择完成后点击"保存"按钮,即刻生效。

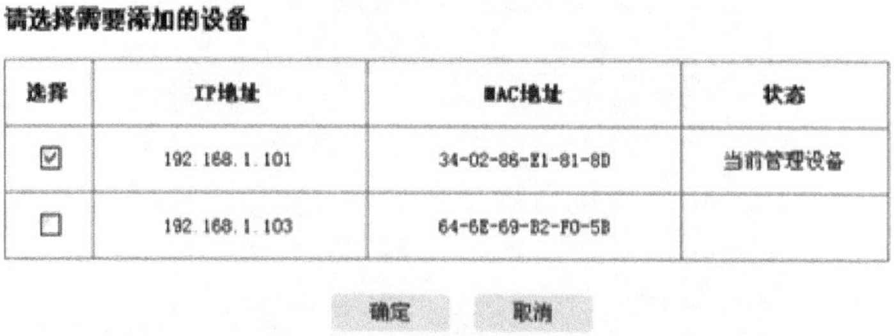

图 2-9

提示:也可以通过手动输入 MAC 地址的方式进行设置(图 2-10)。

图 2-10

e.无线设备接入控制设置。为了进一步提升安全性,可以对网络准入进行更严格的控制,即使无线密码被破解或者泄露也无法随意接入网络。首先开启"无线接入控制功能",如图 2-11 所示。然后添加允许接入的设备,有两种方法,一种是选择目前已经接入网络的设备进行绑定,另一种是手工输入 MAC 地址。在允许接入设备列表中,单击"选择设备添加"按钮,完成后,允许接入设备列表就出现了刚才勾选的设备,如图 2-12 所示,最后点击"保存"按钮设置生效,如图 2-13 所示。

图 2-11

图 2-12

图 2-13

2.4 计算机操作安全

操作系统（operating system，OS）是用来管理系统资源、控制程序的执行、展示人机界面和各种服务的一种软件，是连接计算机系统硬件与其上运行的软件和用户之间的桥梁。操作系统是信息系统的重要组成部分，因为操作系统位于软件系统的底层，需要为其上运行的各类应用服务提供支持。其次，操作系统是系统资源的管理者，对所有系统软、硬件资源实施统一管理。此外，作为软硬件的接口，操作系统起到承上启下的作用，应用软件对系统资源的使用与改变都是通过操作系统来实施，所以操作系统的安全在整个信息系统的安全性中起到至关重要的作用，没有操作系统的安全，信息系统的安全性将犹如建在沙丘上的城堡一样没有牢固的根基。

2.4.1 BIOS 安全

BIOS 是英文 basic input output system 的缩略词，直译过来后中文名称就是基本输入输出系统。BIOS 是计算机启动时加载的第一个软件。其实，它是一组固化到计算机内主板上一个 ROM 芯片上的程序，它保存着计算机最重要的基本输入输出的程序、开机后自检程序和系统自启动程序，它可从 CMOS（complementary metal oxide semiconductor，互补金属氧化物半导体的缩写）中读写系统设置的具体信息。其主要功能是为计算机提供最底层

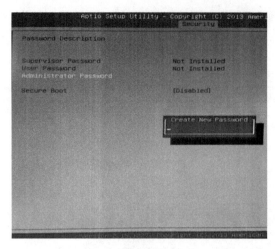

图 2-14

的、最直接的硬件设置和控制。BIOS 中含有一些重要的设置，它一旦被别有用心的人掌握，轻则造成系统不能正常启动，重则导致系统瘫痪、文件丢失。因此为 BIOS 设置密码就显得尤为重要。下面以同方 E700 台式计算机为例讲解为 BIOS 设置密码的方法。开机按"Delete"键进入 BIOS 设置界面（不同品牌和主板的计算机进入 BIOS 的按键不尽相同，可参考计算机附带的信息或访问计算机制造商的网站），如果计算机有原始密码，设置一个复杂的密码，如果没有按右箭头调到"Security"项，再按下箭头调到"Administrator Password"项回车，可输入小写英文字母及阿拉伯数字组合的密码（图 2-14）。

2.4.2 账户安全

操作系统的账户和密码对于操作系统是最为重要的，因为操作系统的账户和密码是整个操作系统的第一道安全门。

（1）修改管理员账户名

管理员账户就是允许完全访问计算机的用户账户类型，管理员可进行任何需要的更改。Windows 10 操作系统中的管理员账户名默认是 Administrator，这意味着别人可以一遍又一遍地尝试这个账户的密码，修改账户名可以有效防止这一点。一些网络管理员修改账户名的时候往往用公司名、计算机名，或者一些别的一猜就猜到的字符作用户名，比如"pjzy""admin""iloveyou"。然后又把这些账户的密码设置得比较简单，比如"123456"，这很容易造成泄露。为防止账户名和密码被破解，应当为账户创建不容易猜到的账户名并创建强密码，同时还要注意经常更改密码。

修改管理员账户名的操作方法：在 Cortana 搜索框中键入"管理工具"，"计算机管理"→"系统工具"→"本地用户和组"→"用户"，重命名（图 2-15）。

（2）创建强密码

密码是用于访问信息或计算机的字符串。密码可帮助防止未经授权的人员访问文件、程序和其他资源。当创建密码时，应使其更强健，这样他人就难以猜测或破解。要对计算机上的所有用户账户都使用强密码。

设置强密码的方法如下。

a. 使用一句话的缩写作为基本密码，比如"我爱滑冰"的缩写是"wahb"。

b. 加上数字可以使基础密码更复杂，比如"2022wahb"。

c. 把其中的一个数字改成与之相关的拼音，比如"2l22wahb"。

d. 加上符号可以更为复杂。比如"2022@wahb！"。

e. 使用大小写进一步设置成强密码。比如"2022@Wahb！"。

定期更改密码，不要用原密码更改数字和字母的顺序生成新密码，若黑客知道使用者以前的密码，那么他们就有超过 40% 的概率在 3s 内破解新密码。

图 2-15

(3) 建立陷阱账户

建立陷阱账户是创建一个名为"administrator"的本地账户,把它的权限设置成最低,并且加上一个超过 10 位的强密码。

操作方法:点击右键"此电脑"→"管理工具"→"计算机管理"→"本地用户和组"→"用户"→"更多操作"→"新用户"(图 2-16)。

2.4.3 系统保护

系统保护是定期创建和保存计算机系统文件和设置的相关信息的功能。系统保护也保存已修改文件的以前版本。它将这些文件保存在还原点中,在发生重大系统事件(例如安装程

图 2-16

序或设备驱动程序)之前创建这些还原点。默认每七天,如果在前面七天中未创建任何还原点,则会自动创建还原点,但也可以随时手动创建还原点。只能为使用 NTFS 文件系统格式化的磁盘打开系统保护。如果计算机运行缓慢或者无法正常工作,可以使用"系统还原"和还原点将计算机的系统文件和设置还原到较早的时间点。如果意外修改或删除了某个文件或文件夹,可以将其还原到保存为还原点一部分的以前版本。

(1) 创建还原点

如果 Windows 运行不正常或出现数据损坏问题,利用系统还原可以使电脑恢复工作状态,而无须重新安装 Windows。在 Cortana 搜索框中键入"系统还原",点击"创建还原点",然后单击"配置",选择"启用系统保护",然后单击"应用",如图 2-17。再点击"创建",如图 2-18,以创建还原点。这实际上是在系统正常工作时创建一个系统的快照,在系统出现故障时允许将电脑带回这个时间点。

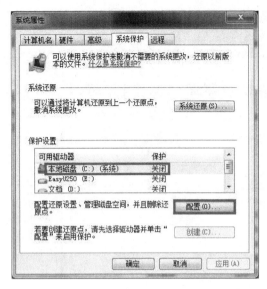

图 2-17

图 2-18

（2）系统还原

系统还原可帮助用户将计算机的系统文件及时还原到早期的还原点。此方法可以在不影响个人文件（如电子邮件、文档或照片）的情况下，撤销对计算机所进行的系统更改。有时，安装某个程序或驱动程序可能会导致意外地更改计算机，或导致 Windows 发生不可预见的操作。通常情况下，卸载程序或驱动程序可以解决此问题。如果卸载并没有修复问题，则可尝试将计算机系统还原到之前一切运行正常的日期。如果计算机运行缓慢或者无法正常工作，也可以使用"系统还原"和还原点将计算机的系统文件和设置还原到较早的时间点。

系统还原操作方法：在 Cortana 搜索框中键入"系统还原"，选择还原点进行还原（图 2-19）。系统还原自动推荐使用在显著更改（如安装一个程序）之前创建的最新的还原点。也可以从还原点列表中选择，如图 2-20。还可以尝试使用在用户注意到问题的时间之前创建的还原点。系统还原将计算机恢复到所选还原点当时所处的状态。

图 2-19

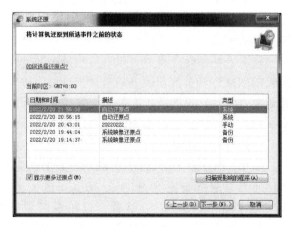

图 2-20

2.4.4 屏幕保护

屏幕保护最早是为了保护 CRT 显示器而设计的一种专门的程序，当时设计的初衷是防止 CRT 显示器因无人操作而使显示器长时间显示同一个画面导致显示屏局部老化而缩短显示器寿命。LCD 显示器因用晶体显色不存在局部老化现象，但 LCD 显示器长时间工作也会使晶体老化或烧坏，并且损坏一旦发生就是永久性不可修复的，所以说 LCD 液晶显示器也应设置屏幕保护程序，并且正确地设置屏幕保护程序可以有效地防止内部人员窥视计算机文件信息。

操作方法：计算机桌面空白处右键点击"个性化"→"屏幕保护程序"，如图 2-21。设置屏幕保护类型和等待时间后一定要选中"在恢复时显示登录界面"，这样只有输入正确密码才能登录计算机，保障系统安全。如图 2-22。

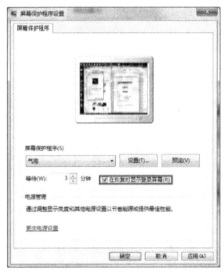

图 2-21　　　　　　　　　　　图 2-22

2.4.5 服务安全

计算机里通常安装了一些不必要的服务，如果这些服务没有用的话，可将其关闭，减小风险。

在 Cortana 搜索框中输入 services.msc 命令，打开服务管理器。在打开的服务管理器内，选择不必要的服务项，鼠标右键点击不必要的服务项。从服务属性窗口中，选择启动类型，点击服务状态，即可完成对服务的启动和状态修改，停止不必要的服务（图 2-23）。

建议将以下服务停止，并将启动方式修改为手动。

a. DHCP Client：为此计算机注册并更新 IP 地址。

b. Remote Registry：使远程用户修改此计算机的注册表设置。

c. TCP/IP NetBIOS Helper：提供 TCP/IP（NetBT）服务上的 NetBIOS 和网络上客户端的 NetBIOS 名称解析的支持，从而使用户能够共享文件、打印和登录到网络。

d. Computer Browser：维护网络上计算机的最新列表以及提供这个列表。

e. Task Scheduler：使用户可以在此计算机上配置和计划自动任务。

图 2-23

f. Routing and Remote Access：在局域网以及广域网环境中为企业提供路由服务。

g. Print Spooler：将文件加载到内存中以便以后打印。不用打印机的用户不能禁用这项服务。

h. Distributed Link Tracking Client：维护某个计算机内或某个网络中的计算机的 NTFS 文件之间的链接。

i. COM＋Event System：支持系统事件通知服务（SENS），此服务为订阅的组件对象模型（COM）组件提供自动分布事件功能。

j. Server：不使用文件共享可以关闭。

操作系统的共享为用户带来许多方便的同时，也带了许多安全隐患，如果计算机联网，网络上的任何人都可以通过破解密码访问硬盘，甚至可以通过植入木马完全控制计算机。所以有必要关闭这些共享。许多不同版本的 Windows 操作系统都提供了默认共享功能，这些默认的共享都有"＄"标志，意为隐含的，包括所有的逻辑盘（C＄、D＄、E＄等）和系统目录 Windows（admin＄）。

检查操作系统是否打开了共享功能的方法：Windows 键＋R 键，输入 CMD 回车，输入"net share"命令，如图 2-24 所示，操作系统的 C 盘、D 盘都是共享的，这就为黑客入侵大开方便之门。

关闭共享的操作方法：在 Cortana 搜索框中输入 services.msc 命令，打开"服务"，找到"server"并右键点击属性或双击，如图 2-25，"启动类型"设为"禁用"，并把服务状态设为"停止"，如图 2-26。

2.4.6 本地安全策略

对登录到计算机上的账号定义一些安全设置，在没有活动目录集中管理的情况下，本地管理员必须为计算机进行设置以确保其安全。例如，限制用户如何设置密码、通过账户策略设置账户安全性、通过锁定账户策略避免他人登录计算机、指派用户权限等。这些安全设置分组管理，就组成了本地安全策略。

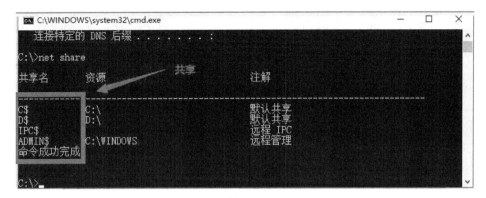

图 2-24

图 2-25　　　　　　　　　　　　图 2-26

(1) 密码策略

此安全设置确定密码是否必须符合复杂性要求。如果启用此策略,密码必须符合下列最低要求。

a. 不能包含用户的账户名。

b. 不能包含用户姓名中超过两个连续字符的部分。

c. 至少有八个字符长。

d. 包含以下四类字符中的三类字符：英文大写字母（A 到 Z），英文小写字母（a 到 z），10 个基本数字（0 到 9），非字母字符（例如!、$、#、%）。

在更改或创建密码时执行复杂性要求。

操作方法：在 Cortana 搜索框中键入"管理工具","本地安全策略"→"账户策略"→"密码策略"。或用 Windows 键＋"R"键打开运行,在运行里面输入"secpol.msc",然后点击"账户策略"→"密码策略"(图 2-27)。

策略包括密码长度最小值、密码最短使用期限、密码最长使用期限、强制密码历史、用可还原的加密来储存密码设置等项,用户可以根据自己的安全要求自行设置。

(2) 用户权限分配

此用户权限确定哪些用户可以登录到该计算机。

第 2 章　实验室信息技术安全　　75

图 2-27

操作方法：在 Cortana 搜索框中键入"管理工具"，"本地安全策略"→"本地策略"→"用户权限分配"→"允许本地登录"，选中 Administrators 并确定（图 2-28）。

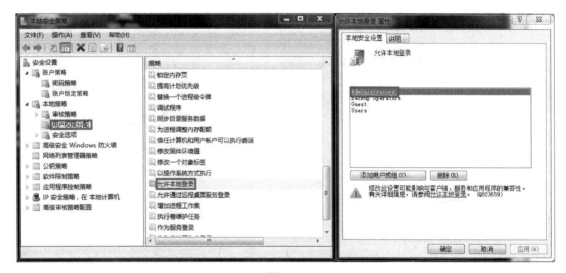

图 2-28

(3) 安全选项

① 从网络访问此计算机

此用户权限确定允许哪些用户和组通过网络连接到计算机。此用户权限不影响远程桌面服务。

操作方法：在 Cortana 搜索框中键入"管理工具"，"本地安全策略"→"本地策略"→"用户权限分配"→"从网络访问此计算机"，最安全的做法是把所有账户都删除并确定（图 2-29）。

② 不显示最后的用户名

该安全设置确定是否在 Windows 登录屏幕中显示最后登录到计算机的用户的名称。启用该策略，则不会在登录屏幕中显示最后成功登录的用户的名称。这样别人就不会知道你的账户名，保证了操作系统的安全。

图 2-29

操作方法：在 Cortana 搜索框中键入"管理工具"，"本地安全策略"→"本地策略"→"安全选项"，右键点击"交互式登录：不显示上次登录"（图 2-30），点击"属性"查看是否处于已启用状态，如果没有，则设置为已启用状态，如图 2-31 所示。

图 2-30　　　　　　　　　　　　　　　　　图 2-31

2.4.7　Windows 安全中心

在 Windows 10 系统中，安全中心一直是得到大家好评的功能。在 Windows 10 2019 年 5 月更新版中，Windows Defender 已经更新为安全中心，强化保护系统安全的职能，这个在 Windows 7 上几乎被人人禁用的安全模块，如今变得越来越重要。

微软方面统计显示，Windows 设备中，超过 50% 的人都是靠 Defener 作为主要的防病毒软件，在德国权威机构 AV-TEST 发布的 2019 年 6 月份 Windows 10 平台杀软测试报告中，Defender 第一次拿下 3 个 6.0 满分，以总分 18 分与 F-Secure、卡巴斯基、Symantec 等老牌软件并列第一。

打开 Windows 安全中心（图 2-32）的方法：点击"设置"→"更新和安全"→"Win-

第 2 章　实验室信息技术安全　　77

dows 安全中心"→"病毒和威胁防护"。

　　a. 点击病毒和威胁防护后可对扫描选项进行设置，如图 2-33。

图 2-32

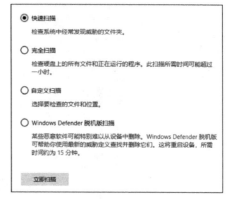

图 2-33

　　b. 对扫描选项进行设置后即可对电脑进行扫描（图 2-34）。
　　c. 扫描完毕后，若发现有病毒和威胁，Windows 安全中心将对病毒和威胁进行处理。
　　d. 病毒和威胁有更新功能，建议经常对病毒和威胁防护进行更新（图 2-35）。

图 2-34

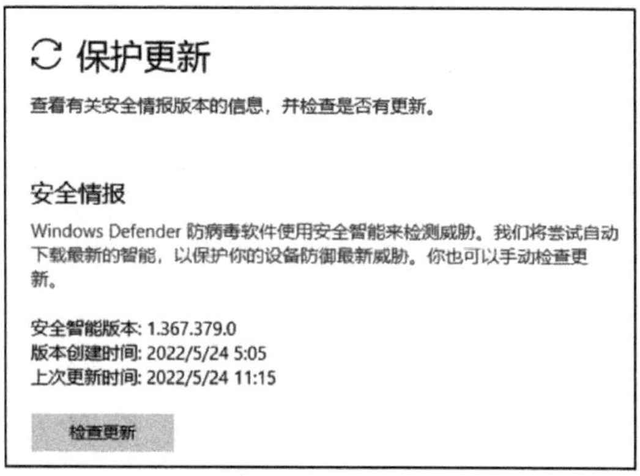

图 2-35

2.4.8　常用文件加密

　　① 压缩文件加密

　　在工作的时候，经常会遇到要向别人传输文件的情况。如果文件太大需要压缩，并且希望压缩后的文件要有安全性，这就需要加密。这时一个常用的方法是给压缩文件加上密码，然后再传给对方，如图 2-36、图 2-37、图 2-38。

　　② Word 文件加密

　　在工作和学习中，经常需要向他人传送合同或协议等比较重要的文档，为保护信息及数据的安全，可以对文档进行加密处理。现以 Word 文档为例对文档进行加密，选择"文件"→"信息"→"保护文档"→"用密码进行加密"（图 2-39）。

　　这时会出现一个对话框，输入加密密码就行了。打开文件解密的时候，只有输入当初加密的正确密码才能打开文件。

图 2-36

图 2-37

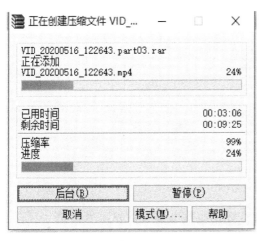
图 2-38

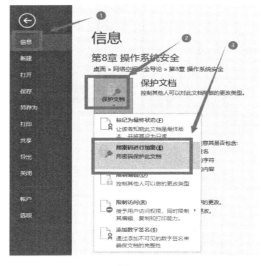
图 2-39

2.4.9 驱动器加密

Windows BitLocker 驱动器加密通过加密计算机分区上存储的所有数据更好地保护计算机中的数据。BitLocker 使用 TPM（受信任的平台模块）帮助保护 Windows 操作系统和用户数据，并帮助确保计算机即使在无人参与、丢失或被盗的情况下也不会被篡改。受信任的平台模块（TPM）是一个内置在计算机中的微芯片。它用于存储加密信息，如加密密钥。存储在 TPM 上的信息会更安全，避免受到外部软件攻击和物理盗窃。BitLocker 除可加密存储于计算机分区上的所有数据外还可以在没有 TPM 的情况下使用。若要在计算机上没有 TMP 的情况下使用 BitLocker，则必须通过使用组策略更改 BitLocker 安装向导的默认行为，或通过使用脚本配置 BitLocker，这种情况下所需加密密钥存储在 USB 闪存驱动器中，必须提供该驱动器才能解锁存储在分区上的数据。

加密方法：右键点击想要加密的分区，点击"启用 BitLocker（B）"，如图 2-40。

图 2-40

勾选"使用密码解锁驱动器",输入由大小写字母、特殊字符及阿拉伯数字组成的八位以上强密码,点击"下一步",如图 2-41。

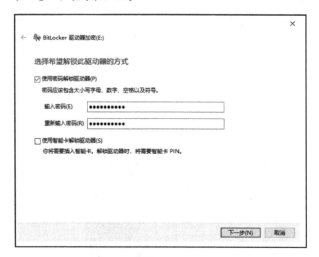

图 2-41

恢复密钥是忘记密码解锁时用的,一定要保存好。如果电脑有微软账号就选"保存到 Microsoft 账户",这样相当于保存到云端了,不容易丢。如果没有可以选择保存到文件或者打印恢复密钥。一般选择保存到文件(图 2-42)。

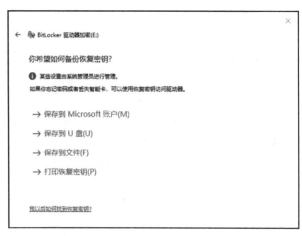

图 2-42

如果要加密的盘是空盘建议勾选第一项，如果已经有数据建议选择第二项"加密整个驱动器"，速度比较慢，需要耐心等待（图 2-43）。

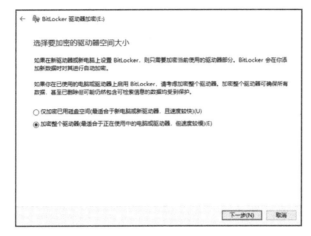

图 2-43

如果是本地硬盘加密建议用"新加密模式"，如果是移动硬盘勾选第二项"兼容模式"，如果是本地硬盘有可能拆下来安装到其他电脑建议也勾选"兼容模式"（图 2-44）。

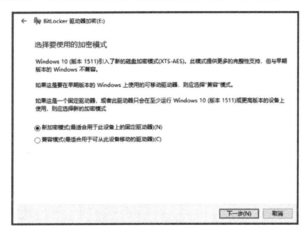

图 2-44

点击"下一步"开始加密（图 2-45）。

加密后，磁盘驱动器上会显示一把没有锁上的锁，这时驱动器是可以打开的，用户需要重启电脑，驱动器锁会彻底锁上，需要输入正确密码或者验证密钥才能打开（图 2-46）。

图 2-45

图 2-46

第 3 章

实验室危险源安全

3.1 化学品安全

3.1.1 化学品购置

(1) 化学品的定义

化学品是指各种元素（也称化学元素）组成的纯净物和混合物，无论是天然的还是人造的。

据美国《化学文摘》统计，全世界已有的化学品多达 700 万种，其中已作为商品上市的有 10 万余种，经常使用的有 7 万多种，每年全世界新出现的化学品有 1000 多种。

(2) 化学品的购置

使用教师根据实验教学使用实际情况以及安全库存量（满足实验教学的使用量），并按学校（院）的采购程序填写"请购（定购）单"，注明化学品的名称、CAS 号、规格、数量等。

学校（院）采购部门负责易制毒化学品的采购工作。采购前应网上填报信息，并向管理部门申请易制毒化学品的备案证明。购买第三类非药品类易制毒化学品由购买地县级以上公安机关审批。

学校（院）采购部门需提供材料：购买易制毒化学品的数目申请（注明品种、数量、用途）；事业单位法人证书副本复印件（盖章）；法定代表人身份证复印件及联系电话；经办人的委托书、身份证复印件及联系电话；学校（院）内部制定的易制毒化学品的管理制度；存放易制毒化学品仓库管理员（双人双锁）的基本情况、身份证复印件及联系电话；易制毒化学品仓库发生火灾、被盗等事件的安全处置措施等。

学校（院）采购人员根据"请购（定购）单"对化学品的供应商进行选择（至少三家以上），确定供应商具有有效的经营资质，若购买的是危险化学品、剧毒品、易制毒化学品等，则要求供应商具有有效的"危险化学品经营许可证"。同时编制学校（院）的"化学品清单"，汇总新购置化学品的类别、特性等内容，并按清单向供应商收集有关化学品的"化学品安全技术说明书"（MSDS），然后将 MSDS 留存药品试剂库。

3.1.2 化学品存放

(1) 一般原则

① 所有的化学品和配制试剂都应置于适当的容器内,贴有明显的标签。无标签或者标签无法辨认的药品都要当作危险品重新鉴定后小心处理,不可随便丢弃,以免造成严重后果。

② 存储化学品的场所(库)必须保持环境整洁、通风、隔热,并远离热源和火源。

③ 实验室不得存放大桶试剂和大量试剂,严禁存放大量的易燃易爆品及强氧化剂。

④ 化学试剂应密封分类存放。易挥发、溶解的,要密封;长期不用的,应蜡封;装碱的玻璃瓶不能用玻璃塞;切勿将相互作用的化学品混放。

⑤ 实验室必须建立并及时更新危险化学品使用台账,及时清理无名、废旧化学品。

(2) 分类存放

① 危险化学品应按《常用化学危险品贮存通则》,根据其化学性质严格按照规定分区、分类贮存,并且不得超量贮存。

② 禁忌类危险品必须隔开贮存,如氧化剂、还原剂、有机物等理化性质相忌的物质禁同区贮存。

③ 灭火方法不同的易燃易爆危险品不得在同库贮存。

④ 易碎、易泄漏的危险化学品不能二层堆放。

⑤ 对爆炸、剧毒、易制毒、放射性等化学品须设置专柜贮存,采取双人收发、双人记账、双人双锁、双人运输和双人使用的"五双制"。

⑥ 危险品贮藏室应干燥、朝北、通风良好;门窗应坚固,门应朝外开;并应设在四周不靠建筑物的地方。易燃液体贮藏室温度一般不许超过28℃,爆炸品贮温不许超过30℃。

⑦ 危险品应分类隔离贮存,量较大的应隔开房间,量小的也应设立铁板柜或水泥柜以分开贮存;相互接触能引起燃烧爆炸的危险品应分开存放,绝不能混存。

⑧ 照明设备应采用隔离、封闭、防爆型,室内严禁烟火。

⑨ 经常检查危险品贮藏情况,及时消除事故隐患。

⑩ 实验室及库房中应准备好消防器材,管理人员必须具备防火灭火知识。

⑪ 易爆品应与易燃品、氧化剂隔离存放。宜存于20℃以下,最好保存在防爆试剂柜、防爆冰箱中。对爆炸性物品可将瓶子存于铺有干燥黄沙的柜中。

⑫ 易产生毒性气体或烟雾的化学品,存放于干燥、阴凉、通风处。

⑬ 腐蚀品应放在防腐蚀性药品柜的下端。对腐蚀性物品应选用耐腐蚀性材料作架子。

⑭ 相互作用的化学品不能混放在一起,要隔离开存放。

⑮ 剧毒品应按照"五双"制度领取和使用,不得私自存放,专柜上锁。

⑯ 低温存放的化学品一般存放于10℃以下的冰箱中。

⑰ 要求避光保存的药品应用棕色瓶装或者用黑纸、黑布或铝箔包好后放入药品柜贮存。

⑱ 特别保存的药品,应特别存放如钠、钾等碱金属,应贮存于煤油当中,黄磷贮存于水中,此两种药品易混淆,要隔离存放。

3.1.3 化学品使用

(1) 有机溶剂的使用

许多有机溶剂如果处理不当会引起火灾甚至爆炸。溶剂和空气的混合物一旦燃烧便迅速蔓延，火力之大可以在瞬间点燃易燃物体，在氧气充足（如氧气钢瓶漏气引起）的地方着火，火力更猛，可使一些不易燃物质燃烧。当易燃有机溶剂蒸气与空气混合并达到一定的浓度范围时，甚至会发生爆炸。

使用易燃有机溶剂时，需注意以下事项。

① 将易燃液体的容器置于较低的试剂架上。

② 保持容器密闭，需要倾倒液体时，方可打开密闭容器的盖子。

③ 应在没有火源并且通风良好（如通风橱）的地方使用易燃有机溶剂，但注意用量不要过大。

④ 储存易燃溶剂时，应该尽可能减少存储量，以免引起危险。

⑤ 加热易燃液体时，最好使用油浴或水浴，不得用明火加热。

⑥ 使用易燃有机溶剂时应特别注意使用温度和实验条件（表3-1）。

表 3-1 常用易燃有机溶剂的闪点、自燃温度、爆炸极限

序号	溶剂	闪点/℃	自燃温度/℃	爆炸极限/%
1	丙酮	−17.8	465	2.2~13
2	乙醚	−45	160	1.85~36.5
3	乙醇	12	323	3.3~19
4	乙酸乙酯	−4	427	2.2~11.5
5	异丙醇	11.7	399	2.0~12.7
6	甲苯	4	535	1.2~7.1

⑦ 化学气体和空气的混合物燃烧会引起爆炸（如 3.25g 丙酮气体燃烧释放的能量相当于 10g 炸药），因此燃烧实验需谨慎操作。

⑧ 使用过程中，需警惕以下常见火源：明火（本生灯、焊枪、油灯、壁炉、点火苗、火柴）、火星（电源开关、摩擦）、热源（电热板、灯丝、电热套、烘箱、散热器、可移动加热器、香烟）、静电电荷。

(2) 有毒有机溶剂

有机溶剂的毒性表现在溶剂与人体接触或被人体吸收时引起局部麻醉刺激或整个机体功能发生障碍。一切有挥发性的有机溶剂，其蒸气长时间、高浓度与人体接触总是有毒的，比如：伯醇类（甲醇除外）、醚类、醛类、酮类、部分酯类、苄醇类溶剂易损害神经系统；羧酸甲酯类、甲酸酯类会引起肺中毒；苯及其衍生物、乙二醇类等会引起血液中毒；卤代烃类会导致肝脏中毒；四氯乙烷会引起严重肾脏中毒等。

因此使用时应注意以下事项。

① 尽量不要使皮肤与有机溶剂直接接触，务必做好个人防护。

② 注意保持实验场所通风。

③ 在使用过程中如果有毒有机溶剂溢出，应根据溢出的量，移开所有火源，提醒实验室现场人员，用灭火器喷洒，再用吸收剂清扫、装袋、封口，作为废溶剂处理。

(3) 危险化学品的使用

实验过程中使用到的危险化学品，应严格操作保障实验过程安全。应按如下操作。

① 化学品使用人员（任课教师或实验室管理人员）在使用时应先详细阅读化学品安全

技术说明书（MSDS），了解化学品的性质，掌握应急处理方法和自救措施，然后按照防护要求佩戴相应的防护用品（口罩、手套、眼罩、围裙、雨鞋），并严格遵守安全操作规程。

② 化学品使用人员（任课教师或实验室管理人员）根据实验需要进行化学品申领，严格按照操作规程进行操作，在不影响实验结果的前提下，尽量用危险性低的物质代替危险性高的物质，减少危险化学品的用量。

③ 化学品管理人员根据申领进行准备，并按申领的时间、地点送到指定位置，交给申领人员。

④ 使用化学品时，不能直接接触药品、品尝药品味道、把鼻子凑到容器口嗅闻药品气味。

⑤ 对于申领化学品中的危险化学品，使用人员（任课教师或实验室管理人员）应详细填写危险化学品使用记录表，记录使用情况以备检查使用。

⑥ 一切有毒气体的操作必须在通风橱中进行，通风设备失效时禁止操作；身上沾有易燃物时，要立即清洗，不得靠近明火。

⑦ 严禁在开口容器或密闭体系中用明火加热有机溶剂，不得在烘箱内存放、烘烤易燃有机物。

⑧ 申领化学品使用完毕，应及时归还给化学品管理人员；化学品管理人员接到归还的申领化学品后检查使用情况，特别是危险化学品的使用情况，检查无误后入库。

3.1.4 管制类化学品安全

3.1.4.1 易制毒化学品

(1) 易制毒化学品定义

易制毒化学品是指国家规定管制的可用于制造毒品的前体、原料和化学助剂等物质。简单来说，易制毒化学品就是指国家规定管制的可用于制造麻醉药品和精神药品的原料和配剂，既广泛应用于工农业生产和群众日常生活，流入非法渠道又可用于制造毒品。

(2) 常见易制毒化学品及分类

表 3-2 列出了易制毒化学品的分类和品种目录。2012 年 9 月 15 日前，我国列管了三类，第一类主要用于制造毒品的原料，第二类、第三类主要是用于制造毒品的配剂。

表 3-2 易制毒化学品目录

类别	名称	CAS 号
第一类	1.1-苯基-2-丙酮	103-79-7
	2.3,4-亚甲基二氧苯基-2-丙酮	4676-39-5
	3. 胡椒醛	120-57-0
	4. 黄樟素	94-59-7
	5. 黄樟油	94-59-7
	6. 异黄樟素	120-58-1
	7. N-乙酰邻氨基苯酸	89-52-1
	8. 邻氨基苯甲酸	118-92-3
	9. 麦角酸①	82-58-6
	10. 麦角胺①	113-15-5

续表

类别	名称	CAS 号
第一类	11. 麦角新碱①	60-79-7
	12. 麻黄素、伪麻黄素、消旋麻黄素、去甲麻黄素、甲基麻黄素、麻黄浸膏、麻黄浸膏粉等麻黄素类物质①	299-42-3
	13. 羟亚胺	90717-16-1
	14. 1-苯基-2-溴-1-丙酮	23022-83-5
	15. 3-氧-2-苯基丁腈	5558-29-2
	16. N-苯乙基-4-哌啶酮	39742-60-4
	17. 4-苯胺基-N-苯乙基哌啶	21409-26-7
	18. N-甲基-1-苯基-1-氯-2-丙胺	25394-24-5
	19. 邻氯苯基环戊酮	6740-85-8
第二类	1. 苯乙酸	103-82-2
	2. 醋酸酐	108-24-7
	3. 三氯甲烷	67-66-3
	4. 乙醚	60-29-7
	5. 哌啶	110-89-4
	6. 1-苯基-1-丙酮	93-55-0
	7. 溴素	7726-95-6
	8. 3-氧-2-苯基丁酸甲酯	16648-44-5
	9. 3-氧-2-苯基丁酰胺	4433-77-6
	10. 2-甲基-3-[3,4-(亚甲二氧基)苯基]缩水甘油酸	2167189-50-4
	11. 2-甲基-3-[3,4-(亚甲二氧基)苯基]缩水甘油酸甲酯	13605-48-6
第三类	1. 甲苯	108-88-3
	2. 丙酮	67-64-1
	3. 甲基乙基酮	78-93-3
	4. 高锰酸钾②	7722-64-7
	5. 硫酸	7664-93-9
	6. 盐酸	7647-01-0
	7. 苯乙腈	140-29-4
	8. γ-丁内酯	96-48-0

注：1. 第一类、第二类所列物质可能存在的盐类，也纳入管制。
① 为第一类中的药品类易制毒化学品，第一类中的药品类易制毒化学品包括原料药及其单方制剂。
② 高锰酸钾既属于易制毒化学品也属于易制爆化学品。

3.1.4.2 易制爆化学品使用

① 易制爆化学品使用场所须建立并严格执行安全管理制度和安全操作规程。根据所用易制爆化学品的性质，设置相应的安全防火措施、设备和必要的防护、救护用品。

② 严格遵守领取、清退制度，课程用剩余的易制爆化学品下课前必须退回原发放部门保管。

③ 使用易制爆化学品的设备、容器和工具必须固定使用，用毕妥善保管并及时清洗消毒。

④ 使用易制爆化学品的场所必须通风良好，要严格出入制度，严禁无关人员进入，严

禁将个人生活用品存放在工作场所，严禁在实验室饮水进食，严禁在工作场所从事妨碍安全的活动。

⑤ 使用易制爆化学品的操作人员（学生、教师）必须经过培训取得有关主管部门颁发的上岗证后，才能上岗操作。

3.1.4.3 剧毒品的使用

(1) 剧毒化学品定义

剧毒化学品是指具有剧烈急性毒性危害的化学品，包括人工合成的化学品及其混合物和天然毒素，还包括具有急性毒性易造成公共安全危害的化学品。剧毒化学品是被列入国家《危险化学品目录》，符合剧毒化学品判定标准，被标注为剧毒的危险化学品。

剧烈急性毒性判定界限，急性毒性类别Ⅰ，即满足下列条件之一：大鼠实验，经口 $LD_{50} \leqslant 5mg/kg$，经皮 $LD_{50} \leqslant 50mg/kg$，吸入（4h）$LC_{50} \leqslant 100mL/m^3$（气体）或 $0.5mg/L$（蒸气）或 $0.05mg/L$（尘、雾）。经皮 LD_{50} 的实验数据，也可使用兔实验数据。

(2) 常见剧毒化学品

根据《危险化学品目录》（2015 版），目前被列入目录且定义为剧毒化学品的有 148 种（表 3-3）。

表 3-3　剧毒化学品目录［摘自《危险化学品目录》(2015 版)］

序号	品名	别名	CAS 号	备注
4	5-氨基-3-苯基-1-[双(N,N-二甲基氨基氧膦基)]-1,2,4-三唑[含量>20%]	威菌磷	1031-47-6	剧毒
20	3-氨基丙烯	烯丙胺	107-11-9	剧毒
40	八氟异丁烯	全氟异丁烯;1,1,3,3,3-五氟-2-(三氟甲基)-1-丙烯	382-21-8	剧毒
41	八甲基焦磷酰胺	八甲磷	152-16-9	剧毒
42	1,3,4,5,6,7,8,8-八氯-1,3,3a,4,7,7a-六氢-4,7-甲撑异苯并呋喃[含量>1%]	八氯六氢亚甲基苯并呋喃;碳氯灵	297-78-9	剧毒
71	苯基硫醇	苯硫酚;巯基苯;硫代苯酚	108-98-5	剧毒
88	苯肼化二氯	二氯化苯肼;二氯苯肼	696-28-6	剧毒
99	1-(3-吡啶甲基)-3-(4-硝基苯基)脲	1-(4-硝基苯基)-3-(3-吡啶基甲基)脲;灭鼠优	53558-25-1	剧毒
121	丙腈	乙基氰	107-12-0	剧毒
123	2-丙炔-1-醇	丙炔醇;炔丙醇	107-19-7	剧毒
138	丙酮氰醇	丙酮合氰化氢;2-羟基异丁腈;氰醇	75-86-5	剧毒
141	2-丙烯-1-醇	烯丙醇;蒜醇;乙烯甲醇	107-18-6	剧毒
155	丙烯亚胺	2-甲基氮丙啶	75-55-8	剧毒
217	叠氮化钠	三氮化钠	26628-22-8	剧毒
241	3-丁烯-2-酮	甲基乙烯基酮;丁烯酮	78-94-4	剧毒
258	1-(对氯苯基)-2,8,9-三氧-5-氮-1-硅双环(3,3,3)十二烷	毒鼠硅;氯硅宁;硅灭鼠	29025-67-0	剧毒

续表

序号	品名	别名	CAS号	备注
321	2-(二苯基乙酰基)-2,3-二氢-1,3-茚二酮	2-(2,2-二苯基乙酰基)-1,3-茚满二酮;敌鼠	82-66-6	剧毒
339	1,3-二氟丙-2-醇(Ⅰ)与1-氯-3-氟丙-2-醇(Ⅱ)的混合物	鼠甘伏;甘氟	8065-71-2	剧毒
340	二氟化氧	一氧化二氟	7783-41-7	剧毒
367	O,O-二甲基-O-(2-甲氧甲酰基-1-甲基)乙烯基磷酸酯[含量>5%]	甲基-3-[(二甲氧基磷酰基)氧代]-2-丁烯酸酯;速灭磷	7786-34-7	剧毒
385	二甲基-4-(甲基硫代)苯基磷酸酯	甲硫磷	3254-63-5	剧毒
393	(E)-O,O-二甲基-O-[1-甲基-2-(二甲基氨基甲酰)乙烯基]磷酸酯[含量>25%]	3-二甲氧基磷氧基-N,N-二甲基异丁烯酰胺;百治磷	141-66-2	剧毒
394	O,O-二甲基-O-[1-甲基-2-(甲基氨基甲酰)乙烯基]磷酸酯[含量>0.5%]	久效磷	6923-22-4	剧毒
410	N,N-二甲基氨基乙腈	2-(二甲氨基)乙腈	926-64-7	剧毒
434	O,O-二甲基-对硝基苯基磷酸酯	甲基对氧磷	950-35-6	剧毒
461	1,1-二甲基肼	二甲基肼[不对称];N,N-二甲基肼	57-14-7	剧毒
462	1,2-二甲基肼	二甲基肼[对称]	540-73-8	剧毒
463	O,O'-二甲基硫代磷酰氯	二甲基硫代磷酰氯	2524-03-0	剧毒
481	二甲双胍	双甲脒;马钱子碱	57-24-9	剧毒
486	二甲氧基马钱子碱	番木鳖碱	357-57-3	剧毒
568	2,3-二氢-2,2-二甲基苯并呋喃-7-基-N-甲基氨基甲酸酯	克百威	1563-66-2	剧毒
572	2,6-二噻-1,3,5,7-四氮三环-[3,3,1,1,3,7]癸烷-2,2,6,6-四氧化物	毒鼠强	80-12-6	剧毒
648	S-[2-(二乙氨基)乙基]-O,O-二乙基硫赶磷酸酯	胺吸磷	78-53-5	剧毒
649	N-二乙氨基乙基氯	2-氯乙基二乙胺	100-35-6	剧毒
654	O,O-二乙基-N-(1,3-二硫戊环-2-亚基)磷酰胺[含量>15%]	2-(二乙氧基磷酰亚氨基)-1,3-二硫戊环;硫环磷	947-02-4	剧毒
655	O,O-二乙基-N-(4-甲基-1,3-二硫戊环-2-亚基)磷酰胺[含量>5%]	二乙基(4-甲基-1,3-二硫戊环-2-亚基)氨基磷酸酯;地胺磷	950-10-7	剧毒
656	O,O-二乙基-N-1,3-二噻丁环-2-亚基磷酰胺	丁硫环磷	21548-32-3	剧毒
658	O,O-二乙基-O-(2-二硫基乙基)硫代磷酸酯与O,O-二乙基-S-(2-二硫基乙基)硫代磷酸酯的混合物[含量>3%]	内吸磷	8065-48-3	剧毒
660	O,O-二乙基-O-(4-甲基香豆素基-7)硫代磷酸酯	扑杀磷	299-45-6	剧毒
661	O,O-二乙基-O-(4-硝基苯基)磷酸酯	对氧磷	311-45-5	剧毒
662	O,O-二乙基-O-(4-硝基苯基)硫代磷酸酯[含量>4%]	对硫磷	56-38-2	剧毒

续表

序号	品名	别名	CAS 号	备注
665	O,O-二乙基-O-[2-氯-1-(2,4-二氯苯基)乙烯基]磷酸酯[含量≥20%]	2-氯-1-(2,4-二氯苯基)乙烯基二乙基磷酸酯;毒虫畏	470-90-6	剧毒
667	O,O-二乙基-O-2-吡嗪基硫代磷酸酯[含量>5%]	虫线磷	297-97-2	剧毒
672	O,O-二乙基-S-(2-乙硫基乙基)二硫代磷酸酯[含量>15%]	乙拌磷	298-04-4	剧毒
673	O,O-二乙基-S-(4-甲基亚磺酰基苯基)硫代磷酸酯[含量>4%]	丰索磷	115-90-2	剧毒
675	O,O-二乙基-S-(对硝基苯基)硫代磷酸	硫代磷酸-O,O-二乙基-S-(4-硝基苯基)酯	3270-86-8	剧毒
676	O,O-二乙基-S-(乙硫基甲基)二硫代磷酸酯	甲拌磷	298-02-2	剧毒
677	O,O-二乙基-S-(异丙基氨基甲酰甲基)二硫代磷酸酯[含量>15%]	发硫磷	2275-18-5	剧毒
679	O,O-二乙基-S-氯甲基二硫代磷酸酯[含量>15%]	氯甲硫磷	24934-91-6	剧毒
680	O,O-二乙基-S-叔丁基硫甲基二硫代磷酸酯	特丁硫磷	13071-79-9	剧毒
692	二乙基汞	二乙汞	627-44-1	剧毒
732	氟		7782-41-4	剧毒
780	氟乙酸	氟醋酸	144-49-0	剧毒
783	氟乙酸甲酯		453-18-9	剧毒
784	氟乙酸钠	氟醋酸钠	62-74-8	剧毒
788	氟乙酰胺		640-19-7	剧毒
849	癸硼烷	十硼烷;十硼氢	17702-41-9	剧毒
1008	4-己烯-1-炔-3-醇		10138-60-0	剧毒
1041	3-(1-甲基-2-四氢吡咯基)吡啶硫酸盐	硫酸化烟碱	65-30-5	剧毒
1071	2-甲基-4,6-二硝基酚	4,6-二硝基邻甲苯酚;二硝酚	534-52-1	剧毒
1079	O-甲基-S-甲基-硫代磷酰胺	甲胺磷	10265-92-6	剧毒
1081	O-甲基氨基甲酰基-2-甲基-2-(甲硫基)丙醛肟	涕灭威	116-06-3	剧毒
1082	O-甲基氨基甲酰基-3,3-二甲基-1-(甲硫基)丁醛肟	O-甲基氨基甲酰基-3,3-二甲基-1-(甲硫基)丁醛肟;久效威	39196-18-4	剧毒
1097	(S)-3-(1-甲基吡咯烷-2-基)吡啶	烟碱;尼古丁;1-甲基-2-(3-吡啶基)吡咯烷	54-11-5	剧毒
1126	甲基磺酰氯	氯化硫酰甲烷;甲烷磺酰氯	124-63-0	剧毒
1128	甲基肼	一甲肼;甲基联氨	60-34-4	剧毒
1189	甲烷磺酰氟	甲磺氟酰;甲基磺酰氟	558-25-8	剧毒
1202	甲藻毒素(二盐酸盐)	石房蛤毒素(盐酸盐)	35523-89-8	剧毒
1236	抗霉素 A		1397-94-0	剧毒
1248	镰刀菌酮 X		23255-69-8	剧毒

续表

序号	品名	别名	CAS号	备注
1266	磷化氢	磷化三氢;膦	7803-51-2	剧毒
1278	硫代磷酰氯	硫代氯化磷酰;三氯化硫磷;三氯硫磷	3982-91-0	剧毒
1327	硫酸三乙基锡		57-52-3	剧毒
1328	硫酸铊	硫酸亚铊	7446-18-6	剧毒
1332	六氟-2,3-二氯-2-丁烯	2,3-二氯六氟-2-丁烯	303-04-8	剧毒
1351	(1R,4S,4aS,5R,6R,7S,8S,8aR)-1,2,3,4,10,10-六氯-1,4,4a,5,6,7,8,8a-八氢-6,7-环氧-1,4,5,8-二亚甲基萘[含量2%~90%]	狄氏剂	60-57-1	剧毒
1352	(1R,4S,5R,8S)-1,2,3,4,10,10-六氯-1,4,4a,5,6,7,8,8a-八氢-6,7-环氧-1,4;5,8-二亚甲基萘[含量>5%]	异狄氏剂	72-20-8	剧毒
1353	1,2,3,4,10,10-六氯-1,4,4a,5,8,8a-六氢-1,4-挂-5,8-二亚甲基萘[含量>10%]	异艾氏剂	465-73-6	剧毒
1354	1,2,3,4,10,10-六氯-1,4,4a,5,8,8a-六氢-1,4;5,8-桥,挂-二甲撑萘[含量>75%]	六氯-六氢-二甲撑萘;艾氏剂	309-00-2	剧毒
1358	六氯环戊二烯	全氯环戊二烯	77-47-4	剧毒
1381	氯	液氯;氯气	7782-50-5	剧毒
1422	2-[(RS)-2-(4-氯苯基)-2-苯基乙酰基]-2,3-二氢-1,3-茚二酮[含量>4%]	2-(苯基对氯苯基酰)茚满-1,3-二酮;氯鼠酮	3691-35-8	剧毒
1442	氯代膦酸二乙酯	氯化磷酸二乙酯	814-49-3	剧毒
1464	氯化汞	氯化高汞;二氯化汞;升汞	7487-94-7	剧毒
1476	氯化氰	氰化氯;氯甲腈	506-77-4	剧毒
1502	氯甲基甲醚	甲基氯甲醚;氯二甲醚	107-30-2	剧毒
1509	氯甲酸甲酯	氯碳酸甲酯	79-22-1	剧毒
1513	氯甲酸乙酯	氯碳酸乙酯	541-41-3	剧毒
1549	2-氯乙醇	乙撑氯醇;氯乙醇	107-07-3	剧毒
1637	2-羟基丙腈	乳腈	78-97-7	剧毒
1642	羟基乙腈	乙醇腈	107-16-4	剧毒
1646	羟间唑啉(盐酸盐)		2315-02-8	剧毒
1677	氰胍甲汞	氰甲汞胍	502-39-6	剧毒
1681	氰化镉		542-83-6	剧毒
1686	氰化钾	山奈钾	151-50-8	剧毒
1688	氰化钠	山奈	143-33-9	剧毒
1693	氰化氢	无水氢氰酸	74-90-8	剧毒
1704	氰化银钾	银氰化钾	506-61-6	剧毒
1723	全氯甲硫醇	三氯硫氯甲烷;过氯甲硫醇;四氯硫代碳酰	594-42-3	剧毒
1735	乳酸苯汞三乙醇铵		23319-66-6	剧毒

续表

序号	品名	别名	CAS 号	备注
1854	三氯硝基甲烷	氯化苦;硝基三氯甲烷	76-06-2	剧毒
1912	三氧化二砷	白砒;砒霜;亚砷酸酐	1327-53-3	剧毒
1923	三正丁胺	三丁胺	102-82-9	剧毒
1927	砷化氢	砷化三氢;胂	7784-42-1	剧毒
1998	双(1-甲基乙基)氟磷酸酯	二异丙基氟磷酸酯;丙氟磷	55-91-4	剧毒
1999	双(2-氯乙基)甲胺	氮芥;双(氯乙基)甲胺	51-75-2	剧毒
2000	5-[(双(2-氯乙基)氨基]-2,4-(1H,3H)嘧啶二酮	尿嘧啶芳芥;嘧啶苯芥	66-75-1	剧毒
2003	O,O-双(4-氯苯基)N-(1-亚氨基)乙基硫代磷酸胺	毒鼠磷	4104-14-7	剧毒
2005	双(二甲胺基)磷酰氟[含量>2%]	甲氟磷	115-26-4	剧毒
2047	2,3,7,8-四氯二苯并对二噁英	二噁英;2,3,7,8-TCDD;四氯二苯二噁英	1746-01-6	剧毒
2067	3-(1,2,3,4-四氢-1-萘基)-4-羟基香豆素	杀鼠醚	5836-29-3	剧毒
2078	四硝基甲烷		509-14-8	剧毒
2087	四氧化锇	锇酸酐	20816-12-0	剧毒
2091	O,O,O',O'-四乙基二硫代焦磷酸酯	治螟磷	3689-24-5	剧毒
2092	四乙基焦磷酸酯	特普	107-49-3	剧毒
2093	四乙基铅	发动机燃料抗爆混合物	78-00-2	剧毒
2115	碳酰氯	光气	75-44-5	剧毒
2118	羰基镍	四羰基镍;四碳酰镍	13463-39-3	剧毒
2133	乌头碱	附子精	302-27-2	剧毒
2138	五氟化氯		13637-63-3	剧毒
2144	五氯苯酚	五氯酚	87-86-5	剧毒
2147	2,3,4,7,8-五氯二苯并呋喃	2,3,4,7,8-PCDF	57117-31-4	剧毒
2153	五氯化锑	过氯化锑;氯化锑	7647-18-9	剧毒
2157	五羰基铁	羰基铁	13463-40-6	剧毒
2163	五氧化二砷	砷酸酐;五氧化砷;氧化砷	1303-28-2	剧毒
2177	戊硼烷	五硼烷	19624-22-7	剧毒
2198	硒酸钠		13410-01-0	剧毒
2222	2-硝基-4-甲氧基苯胺	枣红色基 GP	96-96-8	剧毒
2413	3-[3-(4'-溴联苯-4-基)-1,2,3,4-四氢-1-萘基]-4-羟基香豆素	溴鼠灵	56073-10-0	剧毒
2414	3-[3-(4-溴联苯-4-基)-3-羟基-1-苯丙基]-4-羟基香豆素	溴敌隆	28772-56-7	剧毒
2460	亚砷酸钙	亚砒酸钙	27152-57-4	剧毒
2477	亚硒酸氢钠	重亚硒酸钠	7782-82-3	剧毒
2527	盐酸吐根碱	盐酸依米丁	316-42-7	剧毒

续表

序号	品名	别名	CAS号	备注
2533	氧化汞	一氧化汞;黄降汞;红降汞	21908-53-2	剧毒
2549	一氟乙酸对溴苯胺		351-05-3	剧毒
2567	乙烯亚胺	吖丙啶;1-氮杂环丙烷;氮丙啶	151-56-4	剧毒
	乙烯亚胺[稳定的]			
2588	O-乙基-O-(4-硝基苯基)苯基硫代膦酸酯[含量＞15％]	苯硫膦	2104-64-5	剧毒
2593	O-乙基-S-苯基乙基二硫代膦酸酯[含量＞6％]	地虫硫膦	944-22-9	剧毒
2626	乙硼烷	二硼烷	19287-45-7	剧毒
2635	乙酸汞	乙酸高汞;醋酸汞	1600-27-7	剧毒
2637	乙酸甲氧基乙基汞	醋酸甲氧基乙基汞	151-38-2	剧毒
2642	乙酸三甲基锡	醋酸三甲基锡	1118-14-5	剧毒
2643	乙酸三乙基锡	三乙基乙酸锡	1907-13-7	剧毒
2665	乙烯砜	二乙烯砜	77-77-0	剧毒
2671	N-乙烯基乙撑亚胺	N-乙烯基氮丙环	5628-99-9	剧毒
2685	1-异丙基-3-甲基吡唑-5-基 N,N-二甲基氨基甲酸酯[含量＞20％]	异索威	119-38-0	剧毒
2718	异氰酸苯酯	苯基异氰酸酯	103-71-9	剧毒
2723	异氰酸甲酯	甲基异氰酸酯	624-83-9	剧毒

(3) 剧毒化学品危害及管控重要性

由于剧毒化学品危害性大，极易造成公共安全危害，近年来高校和社会上因剧毒化学品导致的案件更是让剧毒化学品管控日趋严格。《危险化学品安全管理条例》（国务院令第591号）、《剧毒化学品购买和公路运输许可证件管理办法》（公安部令第77号）、《剧毒化学品、放射源存放场所治安防范要求》（GA 1002—2012）等国家法律法规、标准对其生产、储存、运输、使用和废弃物处置都有明确的规定。

① 根据国家《危险化学品安全管理条例》的规定，凡涉及管理、采购、领用、操作剧毒化学品的相关人员均应接受培训，并取得相应的资格证书，持证上岗。

② 购买剧毒品必须向学校（院）保卫处、实验室管理部门申请并批准备案，需要向当地省级公安机关申请或备案，由学校统一采购。

③ 剧毒品应该设有专用仓库、单独存放，设置各种治安防范设施（入侵报警装置、视频监控装置、保卫值班室和监控中心等）。剧毒品管理严格履行"五双"制度，即：双人保管、双锁锁门、双人收发、双人领用、双人记账。严防发生被盗、丢失、误用及中毒事故。

④ 剧毒品保管实行责任制，"谁主管，谁负责"，责任到人。管理人员调动，须经部门主管批准，做好交接工作，并将管理人员的名单报实验室管理部门备案。

⑤ 凡使用剧毒品，必须按要求在防护设施或专用实验条件下操作。实验产生的剧毒品废液、废弃物等要妥善保管，不得随意丢弃、掩埋或倒入水槽，污染环境；废液、废弃物应集中保存，由学校（院）统一处置。

⑥ 剧毒品使用完毕，其容器依然由双人管理、实验室管理部门统一处置。

⑦ 剧毒品不得私自转让、赠送、买卖。如各院系间需要相互调剂，必须经过学校（院）保卫处和实验室管理部门审批，在实验室管理部门办理调剂手续并在台账中登记调整情况。

3.2 仪器设备安全

3.2.1 气体钢瓶

气瓶属于移动式压力容器（图 3-1），但在充装和使用方面有其特殊性，所以在安全方面还有一些特殊的规定和要求。

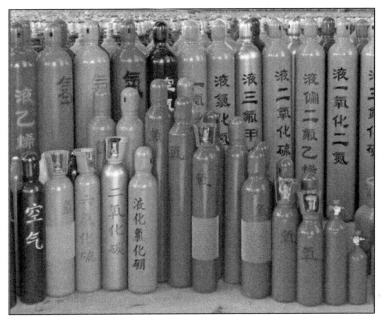

图 3-1

彩图

（1）气体钢瓶分类

气体钢瓶按充装气体的物理性质可分为压缩气体钢瓶、液化气体钢瓶（高压液化气体、低压液化气体）；按充装气体的化学性质分为惰性气体钢瓶、助燃气体钢瓶、易燃气体钢瓶和有毒气体钢瓶。这些钢瓶常见的充装气体见表 3-4。

表 3-4　气瓶常见充装气体

钢瓶	存放气体
压缩气体钢瓶	空气、氧气、氢气、氮气、氩气、氖气、氙气、氦气、甲烷、煤气、三氟化硼、四氟甲烷
高压液化气体钢瓶	二氧化碳、乙烷、乙烯、氧化亚氮、氯化氢、三氟氯甲烷、六氟化硫、氟乙烯、偏二氟乙烯、六氟乙烷
低压液化气体钢瓶	溴化氢、硫化氢、氨、丙烷、丙烯、甲醚、四氧化二氮、正丁烷、异丁烷、光气、溴甲烷、甲胺、乙胺
易燃气体钢瓶	氢气、甲烷、液化石油气等
助燃气体钢瓶	氧气、压缩空气等
有毒气体钢瓶	氰化氢、二氧化硫、氯气
窒息性气体钢瓶	二氧化碳、氮气

(2) 气体钢瓶的颜色标记

气瓶的颜色标记是指气瓶外表的颜色、字样、字色和色环。气瓶喷涂颜色的主要目的是方便辨识气瓶内的介质,即从气瓶外表的颜色上迅速辨识盛装某种气体的气瓶和瓶内气体的性质(可燃性、毒性),避免错装和错用。此外,气瓶外表喷涂带颜色的油漆,还可以防止气瓶外表锈蚀。我国常用气瓶的颜色标记见表3-5。

表3-5 常用气瓶的颜色标记

序号	充装气体名称		化学式	瓶色	字样	字色	色环
1	乙炔		C_2H_2	白	乙炔不可近火	大红	
2	氢		H_2	淡绿	氢	大红	$P=20MPa$,大红色单环 $P \geqslant 30MPa$,大红色双环
3	氧		O_2	淡(酞)蓝	氧	黑	
4	氮		N_2	黑	氮	白	$P=20MPa$,白色单环 $P \geqslant 30MPa$,白色双环
5	空气			黑	空气	白	
6	二氧化碳		CO_2	铝白	液化二氧化碳	黑	$P=20MPa$,黑色单环
7	氨		NH_3	淡黄	液氨	黑	
8	氯		Cl_2	深绿	液氯	白	
9	氟		F_2	白	氟	黑	
10	四氟甲烷		CF_4	铝白	液化四氟甲烷	黑	
11	甲烷		CH_4	棕	甲烷	白	$P=20MPa$,白色单环 $P \geqslant 30MPa$,白色双环
12	天然气			棕	天然气	白	
13	乙烷		C_2H_6	棕	液化乙烷	白	$P=15MPa$,白色单环 $P=20MPa$,白色双环
14	丙烷		C_3H_8	棕	液化丙烷	白	
15	丁烷		C_4H_{10}	棕	液化丁烷	白	
16	液化石油气	工业用		棕	液化石油气	白	
		民用		银灰	液化石油气	大红	
17	乙烯		C_2H_4	棕	液化乙烯	淡黄	$P=15MPa$,白色单环 $P=20MPa$,白色双环
18	氩		Ar	银灰	氩	深绿	
19	氦		He	银灰	氦	深绿	$P=20MPa$,白色单环 $P \geqslant 30MPa$,白色双环
20	氖		Ne	银灰	氖	深绿	
21	氪		Kr	银灰	氪	深绿	
22	一氧化碳		CO	银灰	一氧化碳	大红	

(3) 气体钢瓶的使用要求

① 需要使用气体的单位应当购买已取得气瓶充装许可证的供应商充装的瓶装气体,并向其索取证书复印件备查。确保采购的气体钢瓶质量可靠,同时检查瓶体上的各种标识是否准确、清晰、完好,气瓶是否在有效的检验周期内,不得擅自更改气体钢瓶的钢印和颜色标记。

② 气体钢瓶须根据国家《气瓶安全技术监察规程》（TSG R 0006—2014）的要求定期进行技术检验：盛装腐蚀性气体的气瓶每两年检验一次，盛装一般气体的每三年检验一次，盛装惰性气体的气瓶每五年检验一次，溶解乙炔气瓶每三年检验一次，液化石油气钢瓶和液化二甲醚钢瓶每四年检验一次。使用过程中若发现严重腐蚀、鼓包、裂纹等情况，应提前检验。超过检验有效期或无有效检验钢印标识的气瓶不得使用。

③ 气体钢瓶存放地点应严禁明火，保持通风、干燥，避免阳光直射，配备应急救援设施、气体检测和报警装置。

④ 气体钢瓶必须远离热源、放射源、易燃易爆和腐蚀物品，实行分类隔离存放，不得混放，不得存放在走廊和公共场所。空瓶内必须保留一定剩余压力，与实瓶应分开放置，并有明显标识。

⑤ 气体钢瓶须直立放置，妥善固定，并做好气体钢瓶和气体管路标识，有多种气体或多条管路时需指定详细的供气管路图。

⑥ 供气管路需选用合适的管材。易燃、易爆、有毒的危险气体（乙炔除外）连接管路必须是合适的惰性管线，乙炔的连接管路不得使用铜管。

⑦ 使用前后应检查气体管道、接头、开关及器具是否有泄漏，确认盛装气体类型并做好应对可能造成的突发事件的应急准备。

⑧ 使用后，必须关闭气体钢瓶上的主气阀和释放调节器内的多余气压。

⑨ 移动气体钢瓶应使用手推车，切勿拖拉、滚动和滑动气体钢瓶，气体钢瓶规范使用。

⑩ 严禁敲击、碰撞气体钢瓶，严禁使用温度超过 40℃ 的热源对气瓶加热。实验室内应保持良好的通风，若发现气体泄漏，应立即采取关闭气源、开窗通风、疏散人员等应急措施。切忌在易燃易爆气体泄漏时开关电源。对于气体钢瓶有缺陷、安全附件不全或已损坏、不能保证安全使用的，需退回供气商或请有资质的单位进行及时处置。

⑪ 氧气瓶以及与氧气接触的附件（如减压阀、输气胶管等）不得接触油脂，氧气存放处张贴严禁油脂的标识。

⑫ 各相关单位应当定期做好气瓶压力表的检定工作，根据《化学工业计量器具分级管理办法》（试行）规定，每半年检定一次，或按照检定证书规定的检定周期及时送检。检定单据存档备查。

⑬ 各相关单位必须制订相应的安全管理制度和事故应急处理措施，要有专人负责统计与跟踪本单位气瓶的数量和使用状态，建立气瓶使用台账，加强对气瓶使用人员进行安全技术教育。发生意外事故时，要采取相应的应急处理措施，并立即向相关部门报告。

3.2.2 机械设备

机械加工设备在运行过程中，易造成切割、被夹、被卷等意外事故。使用要严格按照规章制度执行。

① 对于冲剪机械、刨床、圆盘锯、堆高机、研磨机、高压机等机械设备，应有护罩、套筒等安全防护设备。

② 对车床、滚齿机等高度超过作业人员身高的机械，应设置适当高度的工作台，严禁独自操作机械加工设备。

③ 操作时要佩戴必要的防护器具（穿工作服和戴工作手套、口罩），不穿过于宽松的衣

服，操作前长头发必须要扎起来。

④ 工作前，空转试车确认无故障后方可工作。

⑤ 机床运转时，严禁用手检查工件表面光洁度和测量工件尺寸，严禁用手缠绕砂布去打磨转动零件，检查半成品时要等设备完全停止转动。

⑥ 装卡零部件时，扳手要符合要求，不得加套管以增大力矩去拧紧螺母，更换齿轮、装卸夹具必须切断电源，停稳后才能进行。

⑦ 下课时，要将各种走刀手柄放在空挡位置，关闭电源，并擦拭机床。

3.2.3 电气设备

实验室使用的电气设备种类繁多，为了保障实验室安全及实验顺利进行，按如下要求操作。

① 使用的电气设备要符合安全标准。

② 新购置的电气设备使用前必须进行全面安全检查，确认没问题并将设备的金属外壳接地线后（不能接地线的设备除外）再使用。

③ 使用电气设备之前应详细阅读使用说明书，严格按照操作规程使用。

④ 电气设备要保持清洁、干燥。

⑤ 当手、脚或身体沾湿或站在潮湿的地板上时，切勿触动电源开关、触摸电气设备。

⑥ 切勿带负荷插、拔电气设备电源。

⑦ 高压电容器用完后要及时放电。

⑧ 禁止从实验室接线对电动自行车、电动摩托车、电动汽车等非实验用交通工具进行充电，或在实验室对它们的电池进行充电。

⑨ 使用电炉（指有许可证的小型盘式电炉）、电烙铁、电熨斗、电吹风等电热设备时谨慎小心，使用后及时拔掉电源。

⑩ 使用加热炉、烘箱时，必须确认自动控温装置可靠。同时还需人工定时检测温度，以免超温。

⑪ 电热设备（如烘箱、高温炉、微波炉、电磁炉、饮水加热器、灭菌锅等）的放置地点应远离易燃易爆物品、气体钢瓶等。

⑫ 电热设备运行期间，必须随时监视，保证安全使用；避免饮水加热器、水浴锅等无水干烧。

⑬ 合理选择供电系统保护，包括各种过流保护、短路保护、漏电保护。

⑭ 实验结束，离开实验室前，除连续工作的设备外，关闭所有的仪器设备电源（分闸及总闸）。

3.2.4 精密仪器

3.2.4.1 电子天平

电子天平如图 3-2 所示。

（1）操作规程

① 开机

a. 调节水平：调节两只水平调节螺丝，使水平泡处于正中央位置，每更换一次位置都需

图 3-2

要调节水平泡。

b. 接通电源，预热 30min（首次称量，天平需预热至少 60min），天平自检（显示屏上）出现"Off"时，自检结束，单击【On】键，天平处于可操作状态。

② 校准

a. 天平首次使用之前、放置地点变更之后及在操作一段时间后均需进行校准。

b. 接通电源，天平上无称量物，按住【Cal】键不放，直到在显示屏上出现"Cal"字样后松开该键，所需的校准砝码值会在显示屏上闪烁。放上校准砝码（放在秤盘的中心位置），天平自动进行校准。当"0.00g"闪烁时，移去砝码。当在显示屏上短时间出现（闪烁）信息"Cal done"，紧接着又出现"0.00g"时，天平的校准结束。天平回到称量工作方式，等待称量。

③ 称量

a. 简单称量：在天平显示"0.0000g"时，样品放于秤盘上，关闭玻璃门，等显示屏左下角"。"消失，读取显示屏数据即为所称物品的质量值。

b. 去皮称量：在天平显示"0.0000g"时，打开天平玻璃侧门，将称量纸或空容器放在天平的秤盘上，关闭侧门，等显示屏左下角"。"消失，按【O\T】键，显示屏显示"0.0000g"，打开天平侧门，将适量的待称样轻轻抖入称量纸或空容器中，关闭天平侧门，显示屏左下角"。"消失后，读取显示屏数据即为所称物品的净质量值。

c. 在电子天平上称量一般都用减量法。先称出试样和称量瓶的精确质量，然后将称量瓶中的试样倒一部分在待盛药品的容器中，倒的估计量和所需量相接近。倒好药品后盖上称量瓶，放在天平上再精确称出它的质量。两次质量的差数就是试样的质量。如果一次倒入容器的药品太多，必须弃去重称，切勿放回称量瓶。如果倒入的试样不够可再加，但次数宜少。

d. 称量完毕，取出称量物品，关好天平门，并认真填写仪器使用记录。

④ 关机

a. 按住【Off】键至显示屏显示"Off"，松开该键。

b. 拔下电源插头，用天平刷把天平盘上的残留样品清扫干净。

(2) 注意事项

① 挥发性、腐蚀性物品需放入具盖容器中称量。

② 经常检查天平的防潮硅胶，发现变成红色，应及时更换。

③ 天平称重不得超过其最大负荷（检测室电子天平最大负荷为 100g）。

3.2.4.2 紫外-可见分光光度计

紫外-可见分光光度计见图 3-3。

(1) 操作规程

① 适用范围

本设备可广泛应用于化工、制药、生化、冶金、

图 3-3

轻工业、纺织、材料、环保、医学化验及教育等行业，是分析试验行业中重要的仪器之一，是常规实验室的必备仪器。主要功能有：光度计模式、定量测量、光谱扫描、动力学分析、DNA 及蛋白质测量、多波长测量和系统设置。

② 操作步骤

a. 测量前准备

(a) 开机自检。确认仪器光路中无阻挡物，关上样品室盖，打开仪器电源开始自检。

(b) 预热。仪器自检完成后进入预热状态，若要精确测量，预热时间需在 30min 以上。

(c) 确认比色皿。在将样品移入比色皿前先确认比色皿是干净、无残留物的，若测试波长小于 400nm，请使用石英比色皿。

b. 光度计模式（光度测量）

(a) 进入光度计模式。在主界面，按数字键"1"或上下键选择"光度计模式"后，按"ENTER"进入。

(b) 设置测量模式。按功能键设置测量模式，上下键选择"吸光度""透过率"或"含量"模式，按"ENTER"确认。如果选定的测量模式为"吸光度"或"透过率"，直接跳到（e）。

(c) 设置浓度单位。按功能键设置浓度单位，按"ENTER"确认，如果没有想要的单位则选自定义，按数字键输入自定义浓度单位，按"ENTER"确认。

(d) 设置波长。"GOTOλ"进入，按数字键输入波长值，按"ENTER"到设定的波长值。

(e) 校准 100%T/0Abs。将参比置于参考光路和主光路中，按"100%T/0Abs"校准 100%T/0Abs。

(f) 将参比置于参考光路中，标准样品置于主光路中，按功能键开始标样测量，按数字键输入标样含量，按"ENTER"确认后标样浓度值会显示在屏幕上。

(g) 测量样品。将参比置于参考光路中，样品置于主光路中，测量。

(h) 按"PRINT"打印测量结果。

③ 定量测量

a. 进入定量测量。在主界面选择"定量测量"后按"ENTER"进入。

b. 设置浓度单位。

c. 建立标准曲线或调用已存储的标准曲线。如果在本机中已经建立并存储有标准曲线，则可以在"拟合曲线"界面，按"OPEN"进入文件选择状态，按上下键选择，按"ENTER"键打开。如需建立曲线，可输入回归方程或用标准样品标定，建立标准曲线。

d. 按"ESC"返回样品测量界面。

e. 校准 100%T/0Abs。将参比置于参考光路和主光路中，按"100%T/0Abs"校准 100%T/0Abs。

f. 利用标准曲线测量样品。将参比置于主光路中，按"START/STOP"测量，结果将显示在数据列表中，重复本操作完成所有样品测量。

g. 打印数据。按"PRINT"打印测量结果。

h. 删除数据。按上下键移动"*"选中测量值后按"CLEAR"清除该值。

i. 保存数据。测量完成后，按"SAVE"提示保存，按数字键输入要保存的文件名，按"ENTER"保存。

(2) 注意事项

① 仪器安装应避开高温高湿环境。
② 避免仪器受外界磁场干扰。
③ 远离腐蚀性气体。
④ 仪器应放置在稳定的工作台上。
⑤ 电源应良好接地。
⑥ 稳定的电源电压。

3.2.4.3 气相色谱仪

气相色谱仪如图 3-4 所示。

图 3-4

(1) 操作规程

① 打开载气阀，调节载气压力到 0.3MPa，打开空气发生器、氢气发生器和气体净化器电源开关。

② 打开主机电源开关、自动进样器电源开关、NPD 加热电源开关（在使用 NPD 检测器的情况下）。

③ 打开 FL9510 反控工作站。

a. 如果使用 FID 检测器，在 FID 项目上点击右键，选择设置当前项目，选择仪器通道 1，仪器即按照设定的温度和仪器条件开始工作。

b. 如果使用 NPD 检测器，在 NPD 项目上点击右键，选择设置当前项目，选择仪器通道 2，仪器即按照设定的温度和仪器条件开始工作。

c. 如果使用 ECD 检测器，在 ECD 项目上点击右键，选择设置当前项目，选择仪器通道 2，仪器即按照设定的温度和仪器条件开始工作。

④ 仪器温度升到设定值，如果使用 FID 检测器，进行仪器点火操作。

⑤ 仪器温度升到设定值，如果使用 NPD 检测器，按住 NPD 加热电源［＋］键，设定电流显示值到 2.5A，松开按键，仪器自动控制电流到设定值，此时再以 0.01A 为单位往上增加电流值，直到工作站上显示电压值比基本电压值高 10mV，即 NPD 检测器进入工作状态。

⑥ 设定自动进样器工作条件，自动进样器的进样口位置参数已经设置好，（进样口 1 对

应毛细柱进样口，进样口 2 对应填充柱进样口），此时只需根据样品设置仪器进样条件等参数。

⑦ 基线平稳，进行分析作业。

⑧ 分析完毕，在关机项目上点击右键，选择设置当前项目，即柱箱、检测器、进样器等，加热区关闭加热。

⑨ 如果使用 NPD 检测器，此时需要按住 NPD 加热电源 [-] 键，将电流值调到 0，松开按键，仪器自动控制电流到设定值。

⑩ 柱箱温度降到 80℃ 以内，其余加热区温度降到 100℃ 以内，关闭主机电源开关、自动进样器电源开关、NPD 加热电源开关。

⑪ 关闭载气阀、空气发生器和氢气发生器电源开关。

(2) 工作站操作

① 打开 N-2000 在线工作站，点击采样通道 1。

② 在采样通道 1 窗口包括实验信息、方法及数据采集三个功能栏。点击实验信息，根据需要输入实验标题、实验人姓名、实验单位等相关信息。

③ 方法功能栏包括采样控制、积分、组分表、谱图显示、报告编辑及仪器条件，而上述项目又包括一些选项。请根据实验所需进行编辑。

④ 单击数据采集，再点击查看基线按钮，待基线平直后即可进样。

⑤ 将试样注入色谱仪，同时按下采集数据按钮（或按下遥控开关）。待峰出完后，按下停止采集按钮。

⑥ 数据处理：（归一法）方法→组分表→谱图→打开自己的文件→全选→填峰名、校正因子→采用→预览→打印。

⑦ 分析完毕后，将柱温、热导池温度、进样器温度设到 50℃，桥流设为零。

⑧ 使用热导检测器，应在热导池温度降至 100℃ 以下后，先关闭主机电源，再关闭载气开关阀。

(3) 注意事项

① 必须使用进样针进样，单手使用，避免用力过大将针体抽离针筒，若抽离则无法循环使用，进样前检查进样针是否正常使用。

② 点火使用专用点火器，严禁使用打火机等明火。

③ 先打开气源，通气 20min 后再打开气相色谱仪进行实验；气路系统要定期进行密封性检查；气路布置要合理，气瓶不要与仪器相隔得太远，若气路太长或弯曲会增加气体的阻力，易发生泄漏现象。仪器使用的样品量是很少的，一般不会产生空气污染，特别是使用质量型的检测器时，样品经火焰燃烧后排放，所以一般不需要采用专门的通风设备；但使用浓度型检测器分析有害物质时，仪器只对样品进行分离而未破坏样品的组分，此时需要使用管路将仪器放空，使气体从仪器的放空口排至室外。

④ 实验完毕后，工作站开启"关机"模式，等待温度均降到 50℃ 后再关闭气相色谱仪，防止烫伤。仪器运行中其加热区温度较高，在关机以后其加热区的受热部位会在一定的时间内保持一定的温度。为防止烫伤应避免与其接触，若需更换部件，一定要待仪器温度降低以后，或使用隔热手套或其他隔热保护层才能与其接触。

⑤ 防止电事故。拆掉仪器某些盖板部件时可能使一些电器部位暴露出来，在这些面板上一般都有危险的标志。在拆掉面板之前，一定要注意先拔掉电源插头。

⑥ 常用的有机溶剂存放要远离仪器，应储存在防火的通风柜中，有毒和易燃物品应有明显标志。

3.2.4.4 液相色谱仪

液相色谱仪如图 3-5 所示。

图 3-5

(1) 操作规程

① 首先将色谱仪电源打开，让仪器进行预热。

② 进行样品前处理，以及流动相过滤和脱气。过滤流动相时使用溶剂过滤器，有机试剂使用有机膜，水使用水系膜。过滤完后对其进行脱气处理，大概需要 15～20min 左右。

③ 甲醇处理完后将其接入液路，然后将 P3000 泵的放空阀打开，并启动泵让甲醇充满液路，并保证没有气泡，然后关闭放空阀。也可借助外力（使用洗耳球或注射器）在放空阀处将液体吸过来再启动泵，这样可以省时间。走 30min，停止泵，等待泵没有压力，换 10%甲醇水冲洗 30min 以上；停泵，等待压力降至 0 左右，换流动相冲洗，查看管路中有无气泡，保证没有气泡的情况下，启动泵。

④ 双击 CXTH-3000 色谱工作站→点击 CXTH-3000（中文版）→出现提示，关闭即可→出现色谱数据处理及仪器控制面板界面。

⑤ 在色谱数据处理及仪器控制面板界面中设置所分析样品的色谱条件，如果使用单泵操作时，先确定所用泵是 A 泵还是 B 泵。点开时间程序查看有无打 [√]，如果有 [√]，去掉√为 []。

⑥ 设置参数

a. 在基本控制栏中设置波长（nm），然后点击 [!] 确认。时间常数、量程切换都为 2（切记开灯不要点）。

b. 设定流速（mL/min）后点击 [!] 确认。

c. 设定最小压力为 0，最大压力为 35MPa，如果数据已经符合，就不要改动。

d.确定管路有无气泡,如果没有气泡,点击电脑上的第一个绿色图标(启动图标)。

⑦ 做样品之前,保证仪器先用色谱甲醇走 30min,采集基线。把满屏量程改至 100,其他参数不变,查看基线走直后,停止采集,进样。

⑧ 如果分析的样品流动相中含有酸、盐,必须用甲醇:水为(10:90)及(20:80)的甲醇水过渡 40min 左右。即先用色谱纯甲醇走基线 30min,停止泵,换上甲醇水走基线 40min,再停止泵,更换为流动相。(注意:每走一步都要先确认管路中有无气泡后,才能启动泵。)

⑨ 等待流动相基线走直后方可进样,所进样品必须用 $0.45\mu m$ 有机系滤头过滤。进样之前,需手动停止泵(点击停止采集红色图标),待变成绿色的图标后,把进样阀扳到 LOAD 状态,样品匀速推进后,迅速扳下进样阀(INJECT),自动采集数据。

⑩ 等待图谱出完后,基线走直,停止,保存图谱。以此类推进样。

⑪ 样品分析结束后,先停止泵,换甲醇水或甲醇冲洗仪器,冲至所做样品前的压力,即可停止泵,关机。

⑫ 梯度程序操作

a.打开梯度混合器。

b.在打开的工作站中的仪器控制面板中,点击时间程序,打开后,在运行时不使用基本控制中的参数,而使用的程序前打 [√],总运行时间不变。

c.设定参数如表 3-6 所示。

表 3-6 参数

时间	流速/(mL/min)	A	B	C	D	波长/nm	归零	量程
0	1.00	50	50	0	0	按标准	是	2

d.设置好后,点击第一绿色图标采集基线,泵即可启动,走 30min 后,按停所有泵,换上甲醇水或流动相。

e.如果分析的样品流动相中含有酸、盐,必须用甲醇:水为(10:90)及(20:80)的甲醇水过渡 40min 左右,即先用色谱纯甲醇走基线 30min,停止泵,换上甲醇水走基线 40min,再停止泵,更换为流动相。

f.设置所分析样品的梯度条件(按照国家标准),设置好后点仪器控制面板中文件,另存设置,即可保存梯度条件。如果有已存的梯度条件,可打开仪器控制面板中文件,调用设置即可。

g.条件设置好后,点击采集基线即可,启动泵,把满屏量程改至 100,查看基线,基线走直后进样。

h.进样前,先按停止采集(红色图标),变为绿色后,使过滤好的样品进入液相色谱仪(由 LOAD 状态,进样后,迅速扳下,至 INJECT 状态)自动采集图谱。

i.等待图谱出完后,基线走直,停止采集(点击红色图谱),保存图谱,进入第二针,以此类推。

j.样品分析完后,冲洗仪器同上(先用甲醇水冲洗 40min 后,最后用甲醇冲洗至做样前的压力即可),停所有泵,关机。

⑬ 谱图处理

a.做标准曲线。

(a) 先打开已经做好的谱图,从低浓度到高浓度依次处理。比如先调出 8mg/L 的图谱→点文件项→点打开→找所存位置的 8mg/L 的图谱打开→输入最小峰面积→点击黄色图标再处理(如有处理不掉的峰,点击对已检测出的峰进行手工取消或恢复)→点击定量计算→点击定量组分(自动填全部套峰时间),填写组分名称、浓度→点击定量方法,选择计算校正因子(标准样品)→点击定量计算→点击定量结果中当前表存档,提示入档成功,档中显现有 1 档数据,点击确定。

(b) 以此类推其他浓度,都存档成功后→点击定量方法→点工作曲线,点击计算后,点击显示,查看标准曲线是否合格,如合格,点击文件→存为模板,即可。

b. 样品处理。

(a) 调出样品色谱图,输入最小峰面积→点黄色图标再处理→如有处理不掉的峰,点击对已检测的峰进行手工取消或恢复→点击定量计算→点击定量组分(自动填全部套峰时间),填写组分名称→调出曲线→点定量方法,选择多点校正(基于工作曲线)→点击定量计算→点击定量结果,查看样品浓度即可代入公式计算。

(b) 如果不需要标准曲线,直接打开色谱图,鼠标应在峰中间,右击后点击峰尺寸,查看峰面积,代入公式计算。

(2) 注意事项

将色谱工作站 CXTH-3000 打开,将各项参数设置好,然后点击采集基线按钮,如果基线比较平直了,就可以停止采集基线,这时可以将待测的样品打到进样阀里,(样品必须用 $0.45\mu m$ 滤头过滤,过滤后方可进样)。将进样阀的手柄扳至 LOAD 位置,把过滤好的标样用进样针匀速推进,扳到 INJECT 位置。因为进样阀有触发线连接工作站,所以扳阀的同时色谱工作站已经进行谱图采集的操作了。等待图谱出完后,按红色的图标手动停止,保存图谱。再以此类推进样。

① 采样结束后可以对谱图及定量结果进行相关操作,并得出结果,如果需要打印可以将谱图数据进行打印。

② 实验结束后,还需要用纯甲醇对色谱柱进行冲洗,也就是将流动相更换成纯甲醇,检查管路中有无气泡,如有气泡进行排气,无气泡直接启动泵,运行 30min 左右。如果实验过程中流动相配制中含有缓冲盐,需要先用 10% 的甲醇水溶液冲洗 30min 以上,然后再用纯甲醇冲洗。

③ 如果该色谱柱在接下来很长的一段时间内不使用,要长期保存,则需再加上一步,即用纯的有机溶剂冲洗一遍,直至基线平稳。

3.2.4.5 红外光谱仪

红外光谱仪如图 3-6 所示。

(1) 操作规程

① 开机步骤

a. 按主机后侧的电源开关,开启主机,加电后进行自检过程(约 30s),主机加电后至少要等待 15min,等电子部分和光源稳定后,才能进行测量。

b. 开启电脑,运行操作软件,检查电脑与主机通信是否正常。

c. 红外光谱仪需在每天使用前进行校正,校正方法是:单击"采集"菜单下的"实验设

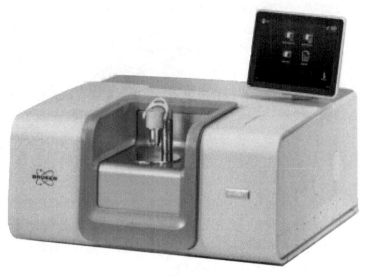

图 3-6

置"选择"诊断"观察各项指标是否正常,选择"光学台"观察增益值是否在可接受范围内。

② 红外样品的制备

a. 液体样品:用试样易溶有机溶剂,制成 1%～10% 浓度的溶液,注入适宜厚度的液体池中测定。常用溶剂有二氯乙烷、四氯化碳、三氯甲烷、二硫化碳、己烷及环己烷等(不可用水做试样溶剂)。使用完毕后,用相应溶剂立即将液体池清洗干净。

b. 固体样品:取样品 1～1.5mg 与 KBr 200～300mg(样品与 KBr 的比约为 1:200)于玛瑙研钵中研磨成混合均匀如面粉状的粉末,用小药匙转入制片模具中于油压机 16～18MPa 压力下保持 5min,撤去压力后取出制成的供试片,目视检测,片子应呈透明状,然后装入样品架待测。

c. ATR 法:直接将待测少量纤维置于晶体(如硒化锌 ZnSe)材料上方,采用点对点采样技术,并旋紧 OMNIC 采样器固定钮,给予适当的压力,使纤维与晶体材料紧密接触,红外光束在晶体内发生衰减全反射后,通过样品的反射信号获得其有机成分的结构信息,从而得到样品的红外吸收光谱图。

③ 测试光谱

a. 设定扫描次数和分辨率,选择自动增益。

b. 采集背景→采集样品→保存光谱。

c. 关机:保存信息,点击关闭操作软件,关闭计算机,按主机电源键关闭主机,接着关闭显示器、打印机。

(2) 注意事项

① 为防止仪器受潮而影响使用寿命,室内要始终保持清洁、干燥。

② 压片用的模具用后应立即清洗干净并擦干,置干燥器中保存,以免锈蚀。

③ 使用 OMNIC 采样器时,对于热、烫、冰冷、强腐蚀性的样品不能直接置于晶体上进行测定,以免造成 Ge 晶体裂痕和腐蚀。对尖、硬且表面粗糙的样品不适合用 OMNIC 采样器采样,否则极易刮伤晶片,甚至使其碎裂。

④ 不得随意改变参数，测试结果由实验室专用 U 盘拷贝。

3.2.4.6 原子吸收分光光度计

原子吸收分光光度计见图 3-7。

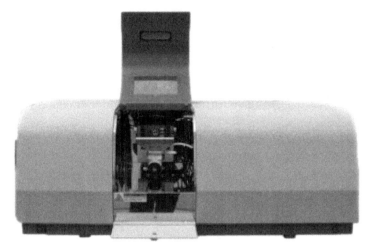

图 3-7

(1) 操作规程

① 开机

依次打开打印机、显示器、计算机，等计算机完全启动后，打开原子吸收主机电源。

② 仪器联机初始化

a. 在计算机桌面上双击 AAwin 图标，出现窗口，选择联机方式，点击确定。

b. 选择工作灯和预热灯，点击下一步，出现设置元素测量参数窗口。

c. 根据需要更改光谱带宽、燃气流量、燃烧器高度等参数，设置完成后点击下一步。

d. 寻峰，弹出寻峰窗口，寻峰过程完成后，点击关闭，点击下一步，点击完成。

③ 设置样品

点击样品，弹出样品设置向导窗口。

a. 选择校正方法、曲线方程和浓度单位，输入样品名称和起始编号，点击下一步。

b. 输入标准样品的浓度和个数，点击下一步。

c. 可以选择需要或不需要空白校正和灵敏度校正，然后点击下一步。

d. 输入待测样品数量、名称、起始编号，以及相应的稀释倍数等信息。

④ 设置参数

点击参数，弹出测量参数窗口。

a. 常规：输入标准样品、空白样品、未知样品等的测量次数、测量方式，输入间隔时间和采样延时（一般均为 1s）。

b. 显示：设置吸光值最小值和最大值（一般为 0～0.7）以及刷新时间（一般 300s）。

c. 信号处理：设置计算方式，以及积分时间和滤波系数（火焰积分时间一般为 1s，滤波系数为 0.3～0.8）。

⑤ 火焰吸收的光路调整

火焰吸收测量方法：点击仪器下的燃烧器参数，弹出燃烧器参数设置窗口，输入燃气流量和高度,点击执行,看燃烧头是否在光路的正下方,如果有偏离,更改位置中相应的数字,点击执行,反复调节。

⑥ 测量

a. 依次打开空气压缩机的风机开关、工作开关,调节压力调节阀,使得空气压力稳定在 0.2～0.25MPa 后,打开乙炔钢瓶主阀,调节出口压力在 0.05～0.06MPa,点击点火,等火焰稳定后首先吸喷纯净水。

b. 点击测量下的测量,开始,吸喷空白溶液校零,依次吸喷标准溶液和未知样品,点击开始,进行测量。测量完成后,点击终止,完成测量,退出测量窗口。

c. 点击视图下的校正曲线,查看曲线的相关系数,确定测量数据的可靠性,进行保存或打印处理。

⑦ 关机过程

依次关闭乙炔钢瓶主阀、空压机工作开关,按放水阀排空压缩机中的冷凝水,关闭风机开关、AAwin 软件、原子吸收主机电源,退出计算机 Windows 操作程序,关闭打印机、显示器和计算机电源。盖上仪器罩,检查乙炔、氧气、冷却水是否已经关闭,清理实验室。

(2) 注意事项

① 如果开机顺序不对,可能出现 COM 口被占用,无法联机的现象,这时需要关闭原子吸收主机电源开关,重新启动计算机,再开启原子吸收主机电源开关,联机。

② 如果在工作灯位置没有元素灯,或原子化器挡光,可能造成初始化过程中的波长电极初始化失败。

③ 点火前后,乙炔钢瓶压力可能有变化,注意调节出口压力及燃气流量。

3.2.4.7 阿贝折射仪

阿贝折射仪如图 3-8 所示。

(1) 操作规程

① 仪器安装

将阿贝折射仪安放在光亮处,但应避免阳光的直接照射,以免液体试样受热迅速蒸发。用超级恒温槽将恒温水通入棱镜夹套内,检查棱镜上温度计的读数是否符合要求[一般选用(20.0±0.1)℃或(25.0±0.1)℃]。

图 3-8

② 加样(样品为 20℃)

旋开测量棱镜和辅助棱镜的闭合旋钮,使辅助棱镜的磨砂斜面处于水平位置,若棱镜表面不清洁,可滴加少量丙酮,用擦镜纸顺单一方向轻擦镜面(不可来回擦)。待镜面洗净干燥后,用滴管滴加数滴试样于辅助棱镜的毛镜面上,迅速合上辅助棱镜,旋紧闭合旋钮。若液体易挥发,动作要迅速,或先将两棱镜闭合,然后用滴管从加液孔中注入试样(注意切勿将滴管折断在孔内)。

③ 调光

转动镜筒使之垂直,调节反射镜使入射光进入棱镜,同时调节目镜的焦距,使目镜中十字线清晰明亮。调节消色散补偿器使目镜中彩色光带消失。再调节读数螺旋,使明暗的界面恰好同十字线交叉处重合。

④ 读数

从目镜中读出刻度盘上的折射率数值。

(2) 注意事项

阿贝折射仪是一种精密的光学仪器，使用时应注意以下几点。

① 使用时要注意保护棱镜，清洗时只能用擦镜纸而不能用滤纸等。加试样时不能将滴管口触及镜面。酸碱等腐蚀性液体不得使用阿贝折射仪检测。

② 每次测定时，试样不可加得太多，一般只需加 2~3 滴即可。

③ 要注意保持仪器清洁，保护刻度盘。每次实验完毕，要在镜面上加几滴丙酮，并用擦镜纸擦干。最后用两层擦镜纸夹在两棱镜镜面之间，以免镜面损坏。

④ 读数时，有时在目镜中观察不到清晰的明暗分界线，而是畸形的，这是由于棱镜间未充满液体；若出现弧形光环，则可能是由于光线未经过棱镜而直接照射到聚光透镜上。

⑤ 若待测试样折射率不在 1.3~1.7 范围内，则阿贝折射仪不能测定，也看不到明暗分界线。

(3) 维护保养

为了确保仪器的精度，防止损坏，应注意维护保养。

① 仪器应放置于干燥、空气流通的室内，以免光学零件受潮后生霉。

② 当测试腐蚀性液体时应及时做好清洗工作（包括光学零件、金属零件以及油漆表面），防止侵蚀损坏。仪器使用完毕后须做好清洁工作，放入的木箱内应存有干燥剂（变色硅胶）以吸收潮气。

③ 仪器使用前后及更换样品时，必须先清洗揩净折射棱镜系统的工作表面。

④ 经常保持仪器清洁，严禁油手或汗手触及光学零件，若光学零件表面有灰尘可用高级鹿皮或长纤维的脱脂棉轻擦后用洗耳球吹去，如光学零件表面沾上了油垢应及时用酒精乙醚混合液擦干净。

⑤ 仪器应避免强烈振动或撞击，以防止光学零件损伤及影响精度。

3.2.4.8 熔点仪

熔点仪如图 3-9 所示。

(1) 操作规程

① 开机后仪器即处于复位状态，在复位状态时可利用 [+]、[-] 两个键设置预置温度为低于待测样品熔点约 10℃，此时数码管显示的为预置温度。[+]、[-] 键按下后其上面对应的指示灯亮，表示修改过预置温度，约 3s 后自动熄灭，此时仪器已经记录下了本次预置值，下次开机时预置温度即为本次预置值。若指示灯没有熄灭即按了其他键，则本次预置温度值不被记忆，下次开机时预置温度为上次预置值。

② 温度预置好后按下准备键，仪器即处于准备状态，准备灯亮。仪器开始以 15℃/min 的快速率升温至预置温

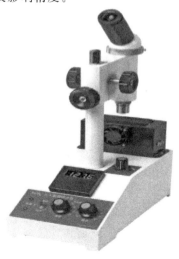

图 3-9

度，到达预置温度后，延时约 1min，使液体处于稳定的温度状态，蜂鸣器报警，提示此时传温液已是预置温度，放入样品。此时把装有样品的毛细管插在样品架上，放入传温液并利用支架上的磁铁吸牢。样品装入毛细管中的量约 3mm 高，毛细管两端应用酒精灯封口，样品应放置在尽量接近铂电阻温度计的陶瓷或玻璃部分中间的位置。

③ 样品放好后，按下测量键，仪器即处于测量状态，开始以设定速率等速升温。可通过传温液杯前放置的放大镜观察样品的熔化过程。当样品熔化时可利用初熔、终熔键记录初熔点、终熔点的值，在测试状态下，每按一次初熔（终熔）键，即记录下当前温度为初熔（终熔）点，同时对应的指示灯亮，测量完毕回到准备或复位状态时可用初熔（终熔）键读出刚记录下的初熔（终熔）点的值。

④ 熔点测出后，按下准备键，液体即开始降温至温度预置值，传温液温度达预置值后延时约 2min 后蜂鸣器报警，提示目前传温液温度已达到预置温度可进行下次测量。

⑤ 蜂鸣器的报警可按下除测量、复位键盘以外的任意键终止，终止后液体的温度不变化仍维持在预置温度上，只有按下测量键后仪器才开始以设置速率等速升温。

⑥ 液体的升温速率是指仪器处在测量状态时的升温速率，可随时用升温速率设定键修改，其状态循环变化，修改后如在测量状态即按现设值等速升温。

⑦ 任意时刻按下复位键仪器都将停止加热，传温液将自然冷却到环境温度。

(2) 注意事项

① 测量时初熔点、终熔点键可重复按下，但只保留最后一次按键时的温度值。

② 初熔点键、终熔点键也可用于测量两个样品的熔点，初熔点记录一个样品的熔点值，终熔点记录另一个样品的熔点值。

3.2.5 压力容器

① 凡同时满足以下三个条件的设备属于压力容器（图 3-10）管制范围。

图 3-10

a.最高工作压力大于等于 0.1MPa；b.压力与容积的乘积大于等于 2.5MPa·L；c.盛装介质为气体、液化气体或最高工作温度高于等于标准沸点的液体。

② 压力设备应办理注册登记手续，获得特种设备使用登记证，并定期检验，确保其安全有效。启用长期停用的压力容器须经过特种设备管理部门检验合格后才能使用。

③ 压力设备从业人员须经过有关单位组织的培训，持证上岗，严格按照操作规程进行操作。

④ 使用压力容器应得到设备管理员的许可，使用时人员不得离开。

⑤ 发现异常现象，应立即停止使用，并通知设备管理员。

3.2.6 高温（低温）仪器

(1) 高温仪器

实验室常用高温仪器包括：明火电炉、电阻炉、恒温箱、干燥箱、水浴锅、电热枪、电吹风等。这些装置都有一定的危险性，如果操作失误，可能会引起较大的安全事故，所以在使用这些仪器设备时必须做好充分的防范措施并且谨慎地按照规程操作。

① 使用加热设备必须采取必要的防护措施，严格按照操作规程进行操作。使用时人员不得离岗，使用完毕，必须关掉电源。

② 加热产热仪器设备需放置在阻燃的稳固的实验台或者地面上进行操作，不得在其周围堆放易燃易爆物或者杂物。

③ 禁止用电热设备烘烤溶剂、油品、塑料筐等易燃、可挥发物。若加热时会产生有毒有害气体，应在通风橱内进行。

④ 应在断电的情况下，采取安全的方式取放被加热物品。

⑤ 使用管式电阻炉时，应确保导线与加热棒接触良好；含有水分的气体需要经过干燥后，方能进入炉内。

⑥ 使用恒温水浴锅时，应避免干烧，注意不要将水溅到电器盒里。

⑦ 使用电热枪时，不可对着人身体的任何部位。

⑧ 使用电吹风和电热枪后，需进行自然冷却，不得阻塞或者覆盖出风口或者入风口。

⑨ 明火电炉的管理：明火电炉需经审批后方可使用（并配备相应的安全防护措施），不得用明火电炉加热易燃易爆品，不得加热塑料容器，明火电炉周围不得放置易燃易爆化学试剂或纸板箱等物品。

(2) 低温仪器

实验室常用的低温仪器有低温冰箱、超低温冰箱。如果操作失误，可能引起冻伤安全事故，所以在使用过程中必须做好充分的预防措施并且按照操作规程操作。使用过程中一般注意事项如下：

① 实验室原则上不得超期使用冰箱（一般规定 10 年）；

② 机械温控有霜冰箱未经防爆改造不得储存化学试剂；

③ 机械温控无霜冰箱未经改造，也不准储存化学试剂；

④ 普通冰箱不得存放易挥发有机溶剂；

⑤ 实验室冰箱内不得存放食物；

⑥ 储存的物品应标识明确（品名、姓名、时间等）；

⑦ 经常性进行清理（特别是学期结束时）；

⑧ 不得在冰箱附近、上面堆放影响散热的杂物。

3.2.7 玻璃仪器

3.2.7.1 试管

图 3-11

试管如图 3-11 所示。

(1) 操作规程

① 在常温或加热时，用作少量物质的反应容器。

② 盛放少量固体或液体，用于收集少量气体。

(2) 注意事项

① 应用拇指、食指、中指三指握持试管上沿处，振荡时要腕动臂不动。

② 作反应容器时液体不超过试管容积的 1/2，加热时不超过 1/3。

③ 加热前试管外面要擦干，加热时要用试管夹。

④ 加热液体时，管口不要对着人，并将试管倾斜与桌面成 45°。

⑤ 加热固体时，管底应略高于管口。

3.2.7.2 锥形瓶

锥形瓶如图 3-12 所示。

(1) 操作规程

① 加热液体。

② 作气体发生的反应器。

③ 在蒸馏实验中作液体接收器。

(2) 注意事项

① 盛液不能过多。

② 滴定时，只需振荡不搅拌。

③ 加热时，须垫石棉网。

图 3-12

3.2.7.3 试剂瓶

试剂瓶如图 3-13 所示。

(1) 操作规程

① 广口瓶用于存放固体药品，也可用来装配气体发生器。

② 细口瓶用于存放液体药品。

(2) 注意事项

① 不能加热，不能在瓶内配制溶液，磨口塞要保持原配。

图 3-13

② 酸性药品、具有氧化性的药品、有机溶剂要用玻璃塞，碱性试剂要用橡胶塞。

③ 对见光易变质的药品要用棕色瓶。

3.2.7.4 滴瓶

滴瓶如图 3-14 所示。

图 3-14

(1) 操作规程

实验时盛装需按滴数加入液体的容器，与胶头滴管配套使用。

(2) 注意事项

① 使用时胶头在上，管口在下。

② 滴管管口不能深入受滴容器。

③ 滴管用过后应立即洗涤干净并插在洁净的试管内，未经洗涤的滴管严禁吸取其他试剂。

④ 滴瓶上的滴管必须与滴瓶配套使用。

3.2.7.5 量筒

量筒如图 3-15 所示。

第 3 章　实验室危险源安全　111

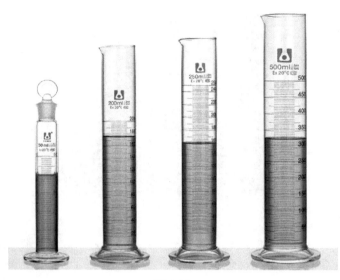

图 3-15

(1) 操作规程

① 量筒是用于度量液体体积的量器。

② 量筒倾斜握在手中,另一只手将待测液体倒入量筒内,视线与凹液面最低处相平齐。

(2) 注意事项

① 量筒不能加热,不能用作反应容器。

② 不能在其中溶解物质、稀释和混合液体。

3.2.7.6 烧杯

烧杯如图 3-16 所示。

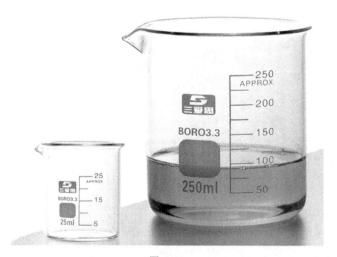

图 3-16

(1) 操作规程

① 常温或加热条件下作大量物质的反应容器。

② 配制溶液时使用。

(2) 注意事项

① 反应体积不得超过烧杯容量的 2/3。

② 加热前将烧杯外壁擦干,烧杯底垫石棉网。

3.2.7.7 酒精灯

酒精灯如图 3-17 所示。

图 3-17

(1) 操作规程

实验室加热时使用。

(2) 注意事项

① 加入的酒精以灯的容积的 1/2 至 2/3 为宜,使用时用漏斗添加酒精。

② 用火柴点燃,绝对不能用燃着的酒精灯去点另一酒精灯。

③ 熄灭时要用酒精灯灯盖盖灭,不可以用嘴吹灭。

3.2.7.8 三角漏斗

三角漏斗如图 3-18 所示。

(1) 操作规程

过滤液体或向容器内倾倒液体时使用。

(2) 注意事项

① "一贴":用水润湿后的滤纸应紧贴漏斗壁。

② "二低":滤纸边缘稍低于漏斗边缘;滤液液面稍低于滤纸边缘。

③ "三靠":玻璃棒紧靠三层滤纸边;烧杯紧靠玻璃棒;漏斗末端紧靠烧杯内壁。

3.2.7.9 玻璃棒

玻璃棒如图 3-19 所示,操作规程如下。

图 3-18

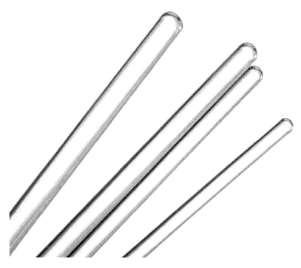

图 3-19

① 溶解：玻璃棒搅拌，加速物质的溶解速度。
② 过滤：使过滤液体沿玻璃棒流进过滤器中。
③ 蒸发：用玻璃棒不断搅拌液体，防止局部温度过高，造成液滴飞溅。
④ 测定溶液 pH 值：用玻璃棒蘸取待测溶液，将其沾在 pH 试纸上，呈色后与标准比色卡对照。

3.2.7.10 布氏漏斗

布氏漏斗如图 3-20 所示。

(1) 操作规程

用于减压过滤的一种瓷质仪器。

图 3-20

(2) 注意事项

① 漏斗底部平放一张比漏斗内径略小的圆形滤纸,并用蒸馏水润湿。

② 漏斗颈的斜口要面向抽滤瓶的抽滤嘴。

③ 抽滤过程中,若漏斗内沉淀物产生裂纹,要用玻璃棒压紧消除。

④ 滤液不能超过抽气嘴;抽滤结束时,切勿先关真空泵,要先撤掉真空管,以免发生倒吸。

3.2.7.11 分液漏斗

分液漏斗如图 3-21 所示。

图 3-21

(1) 操作规程

① 用于互不相容的液-液分离。

② 作为加液器时,漏斗下端不能浸入液面下。

(2) 注意事项

① 不能加热,磨口旋塞必须是原配。
② 使用前必须查漏。
③ 塞上涂一薄层凡士林,旋塞处不能漏液。
④ 分液时,下层液体从漏斗管流出,上层液体从上倒出。

3.2.7.12 酸、碱式滴定管

滴定管(图 3-22)一般分为两种,酸式滴定管和碱式滴定管。酸式滴定管又称具塞滴定管,它的下端有玻璃旋塞开关,用来装酸性溶液与氧化性溶液及盐类溶液,不能装碱性溶液如 NaOH 等。

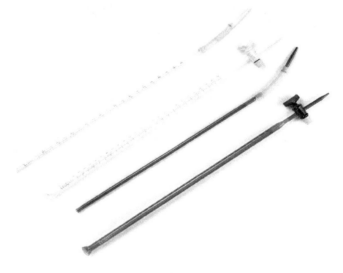

图 3-22

碱式滴定管又称无塞滴定管,它的下端有一根橡皮管,中间有一个玻璃珠,用来控制溶液的流速,它用来装碱性溶液与无氧化性溶液,凡可与橡皮管起作用的溶液均不可装入碱式滴定管中,如 $KMnO_4$、碘液等。

(1) 操作规程

① 使用前的准备

a.检查试漏:滴定管洗净后,先检查旋塞转动是否灵活,是否漏水。先关闭旋塞,将滴定管充满水,用滤纸在旋塞周围和管尖处检查;然后将旋塞旋转 180°,直立 2min,再用滤纸检查。如漏水,酸式管涂凡士林;碱式滴定管使用前应先检查橡皮管是否老化,检查玻璃珠是否大小适当,若有问题,应及时更换活塞涂凡士林。

b.滴定管的洗涤:滴定管使用前必须先洗涤,洗涤时以不损伤内壁为原则。洗涤前,关闭旋塞,倒入约 10mL 洗液,打开旋塞,放出少量洗液洗涤管尖,然后边转动边向管口倾斜,使洗液布满全管。最后从管口放出(也可用铬酸洗液浸洗)。然后用自来水冲净。再用蒸馏水洗三次,每次 10~15mL。

碱式滴定管的洗涤方法与酸式滴定管不同,碱式滴定管可以将管尖与玻璃珠取下,放入洗液浸洗。管体倒立入洗液中,用洗耳球将洗液吸上洗涤。

c. 润洗：滴定管在使用前还必须用操作溶液润洗三次，每次 10~15mL，润洗液弃去。

d. 酸式滴定管排气泡的方法：洗涤后再将操作溶液注入至零线以上，检查活塞周围是否有气泡。若有，开大活塞使溶液冲出，排出气泡。滴定剂装入必须直接注入，不能使用漏斗或其他器皿辅助。

碱式滴定管排气泡的方法：将碱式滴定管管体竖直，左手拇指捏住玻璃珠，使橡胶管弯曲，管尖斜向上约 45°，挤压玻璃珠处胶管，使溶液冲出，以排出气泡。

e. 读初读数：放出溶液后（装满或滴定完后）需等待 1~2min 后方可读数。读数时，将滴定管从滴定管架上取下，左手捏住上部无液处，保持滴定管垂直。视线与弯月面最低点刻度水平线相切。视线若在弯月面上方，读数就会偏高；若在弯月面下方，读数就会偏低。若为有色溶液，其弯月面不够清晰，则读取液面最高点。一般初读数为 0.00 或 0~1mL 之间的任一刻度，以减小体积误差。

② 使用方法

a. 滴定操作。滴定时，应将滴定管垂直地夹在滴定管夹上，滴定台应呈白色。滴定管离锥形瓶口约 1cm，用左手控制旋塞，拇指在前，食指中指在后，无名指和小指弯曲在滴定管和旋塞下方之间的直角中。转动旋塞时，手指弯曲、手掌要空；右手三指拿住瓶颈，瓶底离台约 2~3cm，滴定管下端深入瓶口约 1cm，微动右手腕关节摇动锥形瓶，边滴边摇使滴下的溶液混合均匀。

摇动锥形瓶的规范方式为：右手执锥形瓶颈部，手腕用力使瓶底沿顺时针方向画圆，要求使溶液在锥形瓶内均匀旋转，形成漩涡，溶液不能有跳动，管口与锥形瓶应无接触。

碱式滴定管操作方法：滴定时，以左手握住滴定管，拇指在前，食指在后，用其他指头辅助固定管尖。用拇指和食指捏住玻璃珠所在部位，向前挤压胶管，使玻璃珠偏向手心，溶液就可以从空隙中流出。

b. 滴定速度。液体流速由快到慢，起初可以"连滴成线"，之后逐滴滴下，快到终点时则要半滴半滴地加入。半滴的加入方法是：小心放下半滴滴定液悬于管口，用锥形瓶内壁靠下，然后用洗瓶冲下。

c. 终点操作。当锥形瓶内指示剂指示终点时，立刻关闭活塞停止滴定，洗瓶淋洗锥形瓶内壁。取下滴定管，右手执管上部无液部分，使管垂直，目光与液面平齐，读出读数，读数时应估读一位。滴定结束，滴定管内剩余溶液应弃去，洗净滴定管，倒立夹在夹上备用。

(2) 注意事项

① 滴定时，左手不允许离开活塞，放任溶液自己流下。

② 滴定时目光应集中在锥形瓶内的颜色变化上，不要去注视刻度变化，而忽略反应的进行。

③ 一般每个样品要平行滴定三次，每次均从零线开始，每次均应及时记录在实验记录表格上，不允许记录到其他地方。

④ 使用碱式滴定管注意事项。

a. 用力方向要平，以避免玻璃珠上下移动。

b. 不要捏到玻璃珠下侧部分，否则有可能使空气进入管尖形成气泡。

c. 挤压胶管过程中不可过分用力，以避免溶液流出过快。

⑤ 滴定也可在烧杯中进行，方法同上，但要用玻璃棒或电磁搅拌器搅拌。

3.2.7.13 移液管

(1) 操作规程

① 检查移液管（图 3-23）的容量、端口完好情况、刻度线位置。

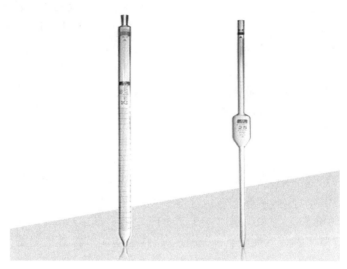

图 3-23

② 清洗移液管 3 次后使用。

③ 吸取溶液至刻度以上约 5mm，立即用右手的食指按住管口。

④ 略为放松食指（有时可微微转动吸管）使管内溶液慢慢从下口流出，直至溶液的弯月面底部与标线相切为止，立即用食指压紧管口。

⑤ 将移液管小心移入承接溶液的容器内，将移液管直立，承接容器倾斜约 30°~45°角，移液管尖端紧靠容器内壁，放开食指，让溶液沿内壁自然流下，溶液下降至管尖时，再保持放液姿态停留 15s 后，再将移液管移去。

(2) 注意事项

① 若移液管管身标有"吹"字，在溶液自然流下，流至尖端不流时，随即用洗耳球将残留溶液吹出。

② 吸出的溶液不能流回原瓶，以防稀释溶液。

③ 在移动移液管时，应将移液管保持垂直，不能倾斜。

3.2.7.14 容量瓶

(1) 操作规程

① 使用前检查容量瓶（图 3-24）

a. 检查容量瓶和瓶塞的完好性，尤其是磨口处是否有破损。

b. 要将瓶塞与瓶体用线连好。

c. 要检查标线是否离瓶口或瓶体太近。

d. 试漏，在瓶中放水到标线附近，塞紧瓶塞，使其倒立 2min，用干滤纸片沿瓶口缝处检查，看有无水珠渗出。如果不漏，再把塞子旋转 180°，塞紧，倒置，试验这个方向有无渗漏。

图 3-24

② 下面以配制 0.1mol/L Na_2CO_3 溶液 500mL 为例说明溶液的配制过程。

a. 计算：Na_2CO_3 物质的量 = 0.1mol/L × 0.5L = 0.05mol，Na_2CO_3 的摩尔质量为 106g/mol，得 Na_2CO_3 质量 = 0.05mol × 106g/mol = 5.3g。

b. 称量：用分析天平称量 5.300g（注意分析天平的使用）。

c. 溶解：在烧杯中用 100mL 蒸馏水使之完全溶解，并用玻璃棒搅拌。

d. 转移、洗涤：把溶解好的溶液移入 500mL 容量瓶，由于容量瓶瓶口较细，为避免溶液洒出，同时不要让溶液从刻度线上面沿瓶壁流下，要用玻璃棒引流。为保证溶质尽可能全部转移到容量瓶中，应该用蒸馏水洗涤烧杯和玻璃棒三次，并将每次洗涤后的溶液都注入容量瓶中。轻轻振荡容量瓶，使溶液充分混合。

e. 初混：完成定量转移后，加水至容量瓶容积的 3/4 左右时，将容量瓶摇动几周（勿倒转），使溶液初步混匀。

f. 定容：加水到接近刻度 1~2cm 时，改用胶头滴管加蒸馏水到刻度。定容时要注意溶液凹液面的最低处和刻度线相切，眼睛视线与刻度线呈水平，不能俯视或仰视，否则都会造成误差。

g. 摇匀：定容后的溶液浓度不均匀，要把容量瓶瓶塞塞紧，用食指顶住瓶塞，用另一只手的手指托住瓶底，把容量瓶倒转和摇动多次，使溶液混合均匀。

h. 贴标签：把配制好的溶液倒入试剂瓶中，盖上瓶塞，贴上标签。

(2) 注意事项

① 使用前切记查漏。
② 禁止用容量瓶进行溶解操作。
③ 不可装冷或热的液体（20℃左右）。
④ 使用玻璃棒进行引流，切勿直接向容量瓶中倾倒液体。
⑤ 溶解用的烧杯和搅拌用的玻璃棒都要在转移溶液以后洗涤三次。
⑥ 加水接近刻度线时改用胶头滴管进行定容。

3.2.7.15 抽滤瓶

抽滤瓶如图 3-25 所示。

图 3-25

(1) 操作规程

① 在组装仪器的时候,一定要先检查一下漏斗和抽滤瓶中间的气密性,不要出现漏气情况。

② 修剪滤纸让滤纸能把所有的孔洞都盖住,开启一下抽气阀门观察滤纸和漏斗是不是紧密。

③ 检查一下抽气泵的开关,往里面倒入混合物,进行抽滤,直接通过漏斗的缝隙流下来。

(2) 注意事项

① 漏斗下方的口要正对着抽滤瓶的管口,抽干后拔掉橡皮管,把沉淀物倒干净。

② 要保证滤纸充分贴合。

③ 一定要保证仪器的气密性。

3.2.7.16 冷凝管

冷凝管如图 3-26 所示。

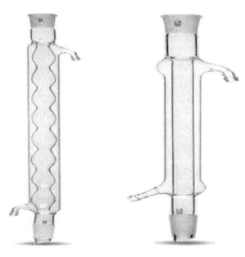

图 3-26

(1) 操作规程

冷凝管的内管两端有驳口，可连接实验装置的其他设备，让较热的气体或液体流经内管而冷凝。外管则通常在两旁有一上一下的开口，接驳运载冷却物质（如水）的塑胶管。使用时，外管的下开口通常接驳到水龙头，因为水在冷凝管中会遇热而自动流往上方，达到较大的冷却功效。主要用于装配冷凝装置或有机物制备中的回流装置。

(2) 注意事项

① 冷却水低端进高端出，水与蒸气逆流，使冷凝管末端温度最低，使蒸气充分冷凝。

② 直接将玻璃管用于冷凝的也比较常见，如实验室制硝基苯、制溴苯、制酚醛树脂等。

3.2.7.17 烧瓶

烧瓶如图 3-27 所示。

图 3-27

(1) 操作规程

① 应放在电热套上加热，使其受热均匀。加热时，烧瓶外壁应无水滴。

② 平底烧瓶不能长时间用来加热。

③ 不加热时，若用平底烧瓶作反应容器，无须用铁架台固定。

(2) 注意事项

① 注入的液体不超过其容积的 2/3，不少于其容积的 1/3。

② 加热时使用电加热套，使均匀受热。

③ 蒸馏或分馏时要与胶塞、导管、冷凝器等配套使用。

3.2.7.18 称量瓶

称量瓶如图 3-28 所示。

(1) 操作规程

① 称量样品：取称量瓶，称定质量后，打开磨口盖，加入所需称量样品，盖上磨口盖，称量总质量。

② 干燥失重、水分测定：取恒重后的称量瓶，打开磨口盖，加入规定量的样品，放于

图 3-28

恒温干燥箱中,按样品项下规定,干燥至恒重或连续两次称量之差小于 5mg,取出并将磨口盖盖上,放置于干燥器中,放冷至室温,称定质量,计算即得。

③ 使用完毕后,清洗干净,干燥备用。

(2) 注意事项

① 称量瓶使用前应洗净烘干,不用时应洗净,在磨口处垫一小纸,以方便打开盖子。

② 称量瓶的盖子是磨口配套的,不得丢失、弄乱。

③ 干燥时温度不能太高,易造成破裂。

④ 使用和清洗时应小心轻放。

3.2.7.19 表面皿

表面皿如图 3-29 所示。

图 3-29

(1) 操作规程

① 如作气室鉴定时，将两片表面皿，利用磨成的平面合成气室，用一张试剂浸湿的试纸，贴附在上面的一片表面皿上，被鉴定的化合物放在下面的一片表面皿上，必要时加温，观察反应中生成气体，从试剂的颜色改变来鉴定气体。

② 如观察白色沉淀或浑浊物时，可把表面皿底壁放一张黑纸，则白色生成物便清晰可见。

③ 如作各种仪器盖子，只要利用它的弧形放在仪器口上，放稳即可，但要注意按仪器的口径选择表面皿。

④ 如作烧杯盖子，按烧杯容量选用不同直径的表面皿。

(2) 注意事项

① 先将表面皿洗净、烘干才能使用。

② 表面皿的用途很广，但无论代替何种仪器使用，均要按照各种仪器的使用方法使用。

3.2.7.20 量杯

量杯如图 3-30 所示。

(1) 操作规程

① 量取液体时应在室温下进行。

② 读数时，视线应与凹液面最低点水平相切。

③ 量取已知体积的液体，应选择比已知体积稍大的量杯，否则会造成误差过大。如量取 15mL 的液体，应选用容量为 20mL 的量杯，不能选用容量为 50mL 或 100mL 的量杯。

(2) 注意事项

① 不能加热，也不能盛装热溶液以免炸裂。

② 不能用量杯配制溶液或进行化学反应。

图 3-30

3.3 辐射安全

按照放射性粒子能否引起传播介质的电离，把辐射分为两类：电离辐射和非电离辐射。电磁波与辐射类型的关系如图 3-31。电离辐射是指能引起物质电离的辐射的总和，特点是波长短、频率高、能量高。电离作用可以引起癌症。高速带电粒子有 α 粒子、β 粒子、质子，不带电离子有中子、X 射线、γ 射线。非电离辐射较电离辐射能量更弱，非电离辐射不会电离物质，而会改变分子或者原子的旋转、振动或价层电子轨态。通常所说的辐射主要指电离辐射。

3.3.1 实验室常见放射源和放射装置

(1) 放射源

放射源按照密封状况可分为密封源和非密封源。密封源是密封在包壳或者紧密覆盖层里的放射物质。工农业生产中应用的料位计、探伤机等使用的都是密封源，如钴-60、镭-226、铯-137、铱-192、气相色谱仪 ECD 检测器（镍-63）等。非密封源是指没有包壳的放射性物质。医院里使用的放射性示踪剂属于非密封源，如碘-131、磷-32、碳-14、氢-3 等。

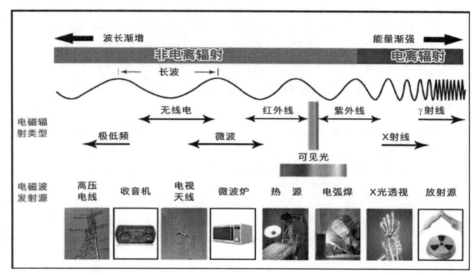

彩图

图 3-31

（2）放射性装置

放射性装置是指 X 射线机、加速器、中子发生器在运行时产生射线的装置以及含放源的装置，如 X-衍射仪、X-单晶衍射仪。

根据射线装置对人体健康和环境可能造成危害的程度，从高到低将射线装置分为Ⅰ类、Ⅱ类、Ⅲ类。Ⅰ类为高危险放射装置，事故时可以使短时间受照射人员产生严重放射损伤，甚至死亡，或对环境造成严重影响；Ⅱ类为中危险放射装置，事故时可以使受照射人员产生较严重放射损伤，大剂量照射甚至导致死亡；Ⅲ类为低危险射线装置，事故时一般不会造成受照射人员的放射损伤。

3.3.2 电离辐射的危害

认识电离辐射的危害首先应该清楚地认识到放射性物质作用人体的方式和放射性物质进入人体的方式，这样才能从源头减轻或者遏制辐射对人体健康的危害。

根据放射性物质作用于人体的方式可以分为：①外照射，辐射源位于人体外对人体造成的辐射照射，包括均匀全身照射、局部受照；②内照射，存在于人体内的放射性核素对人体造成的辐射照射；③放射性核素的体表沾染，放射性核素沾染于人体表面（皮肤或者黏膜），沾染的放射性核素对沾染局部构成外照射源，同时尚可经过吸收进入血液构成体内照射。

放射性物质进入人体途径很多，包括：呼吸道吸入、消化道进入、皮肤或者黏膜（包括伤口）侵入。因此，辐射工作人员应严格遵守操作规程，熟知防护原则措施，保障工作人员和公众的健康和安全。

随着放射性核素的广泛应用，越来越多的人认识到辐射对机体造成的损害随着辐射照射量的增加而增大，大剂量的辐射照射会造成被照部位的组织损伤，并导致癌变，即使是小剂量的辐射照射，尤其是长时间的小剂量照射蓄积也会导致被照射组织器官癌变，并会使受照射的生殖细胞发生遗传缺陷（表 3-7）。

表 3-7　成年人全身蓄积辐射症状

受照剂量/mSv	放射病程度	症状
100 以下	无影响	
100～500	轻微影响	白细胞减少,多无症状表现
500～2000	轻度	疲劳、呕吐、食欲减退、暂时性脱发、红细胞减少
2000～4000	中度	骨骼和骨密度遭到破坏,红细胞和白细胞极度减少,有内出血、呕吐、腹泻的症状
4000～6000	重度	造血、免疫、生殖系统以及消化道等脏器受到影响,甚至危及生命

3.3.3　电离辐射防护

电离辐射防护在于防止不必要的射线照射,保护操作者本人免受辐射损伤,保护周围人群的健康和安全。对于内照射的防护是减少放射性核素进入人体和加快排出。对外照射的防护主要采取以下三种方法。

(1) 辐射防护方法

①时间防护：对于相同条件下的照射,人体接受的剂量与照射时间成正比。因此,减少照射时间可以明显减少吸收剂量。

②距离防护：若不考虑介质的散射与吸收,辐射剂量与辐射距离成反比,增大与放射源的距离,可以减少受到照射的剂量。

③物质屏蔽：射线与物质发生作用,可被吸收和散射。对于不同的射线,其屏蔽方法不同。α 射线只用一张纸就可以屏蔽,γ 和 X 射线,用原子序数高的物质（比如铅）阻挡效果比较好,对于 β 射线,则先用原子序数低的材料（比如有机玻璃）阻挡 β 射线,再在其后用原子序数较高的物质阻挡激发的 X 射线。

(2) 放射性实验室的安全管理

① 放射性物质的购买。放射性物质（包括射线装置）的采购由实验与计算中心审批后向环保部门申请。放射性物质管理人不得私自将其转借他人。确需移交的,必须经所在实验室、单位和实验与计算中心同意,办理必要手续后方可实施移交。放射装置到货验收后,必须进行质量检测和放射防护性能检测,获得许可后方可使用。

② 放射性标志的使用。放射性工作场所,要在场所外面的明显位置张贴电离辐射标志；实验室内存放放射性物品、辐射发生装置等,都应有明显的放射性标志。

③ 放射源及带源仪器的安全使用

a. 任何类型的放射源都不能用手直接拿取或触摸,所有放射源使用时都要使用工具（如长柄或短柄镊子、钳子等）进行操作。

b. 保证放射源进出仪器的操作正确,谨防误操作造成的事故。放射源使用后应退出机器,装入铅罐（放射源储罐）,放回保险柜锁好。

c. 放射源的管理严格执行"双人双锁"的制度。

d. 若遇到放射源跌落,封装破裂等事故,应及时关闭门窗和通风系统,立即向单位领导和上级有关部门报告,启动应急响应,并通知邻近工作人员撤离,严格监管现场,严禁无关人员进入,控制事故影响的区域。

(3) 放射性实验室的人员管理

① 涉辐人员必须经过环保部门组织的培训,取得辐射安全与防护培训学习合格证书,必

须持证上岗，四年复训 1 次。

② 学生在进行涉辐实验前，应接受指导老师提供的防护知识培训和安全教育，指导老师对学生负有监督和检查的责任。

③ 涉辐人员在从事涉辐实验时，必须采取必要的防护措施，规范操作，避免空气污染、表面污染以及外照射事故的发生，并正确佩戴个人剂量计，接受个人剂量检测，个人剂量计的检测周期为 1 次/季度。

④ 涉辐人员必须接受学校安排的职业健康检查，每年两次。

⑤ 禁止在放射性实验室内饮水、进食、吸烟，也不能存放此类物品。如需要，可设立单独的、完全与实验室隔离的房间用于休息、进食。

⑥ 工作人员在有比较严重的疾病或者外伤时，不要进入放射性实验室。

⑦ 参观访问人员进入放射性实验室，要确保有了解该实验室安全与防护措施的工作人员陪同；在参观访问人员进入实验室前，向他们提供足够的信息和指导，采取适当的防护措施，确保对来访者实施适当的监控。

（4）个人防护用具的配备与应用

① 应根据实际需要为放射性实验室工作人员配备适当、足够和符合有关标准的个人防护用具（图 3-32）。如各类的防护服、防护围裙、防护手套、防护面罩及呼吸防护器具等（图 3-32），并应使工作人员了解其使用的防护用品的性能和使用方法。

② 应对工作人员进行正确使用呼吸防护器具的指导，并检查佩戴是否合适。

③ 对于任何给定的工作任务，如需使用防护用具，则应考虑由于防护用具使用带来的工作不便或工作时间延长导致的照射增加，并应考虑使用防护用具可能伴有的非辐射危害。

④ 个人防护用具应有恰当的备份，以备在干预事件中使用。所有个人防护用具均应妥善保管，应对其性能进行定期检查。

⑤ 放射性实验室应通过利用恰当的防护手段与安全措施（包括良好的工程控制装置和满意的工作条件），尽量减少正常运行期间对个人防护用具的依赖。

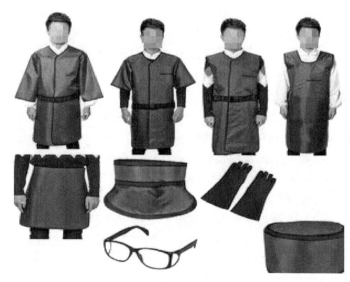

彩图

图 3-32

3.4 生物安全

新冠疫情和高致病性禽流感的暴发与流行，使各国政府和国际社会对生物安全问题有了更多的认识和关注。尤其是一些国家和地区相继发生实验室感染事件后，实验室生物安全已经由原来的安全隐患变成可怕的现实危害。实验室生物安全涉及的不仅仅是某个实验室的安全及工作人员的个人健康，一旦发生事故，极有可能给人类社会乃至整个自然界带来不可预计的危害和影响。因此，实验室生物安全问题亟待解决且事关重大，实验室人员必须学习生物安全基本知识和理论，做好个人防护，熟悉实验室标准操作程序和突发事件应急处置方案后方可进入实验室。

3.4.1 实验室生物安全的基础知识

(1) 生物安全的定义

生物安全是指对自然生物和人工生物及其产品对人类健康和生态环境可能产生的潜在风险的防范和现实危害的控制，目的是保证试验研究的科学性并且保护被实验因子免受污染。涉及的内容主要有重大传染病、实验室生物安全、流行病及公共健康管理、转基因生物和有害外来物种入侵、生物技术安全、食品安全、危险病原体及生化毒素的管理等。

(2) 生物安全实验室的分类

生物安全实验室，也称生物安全防护实验室，是通过防护屏障和管理措施，能够避免或控制被操作的有害生物因子危害（图3-33），达到生物安全要求的生物实验室和动物实验室。依据实验室所处理对象的危害程度，把生物安全实验室分为四级，其中一级对生物安全隔离的要求最低，四级最高。生物安全实验室的分级见表3-8。

图 3-33

表 3-8　生物安全实验室的分级

实验室分级	处理对象
一级	对人体、动植物或环境危害较低，不具对健康成人、动植物致病的致病因子
二级	对人体、动植物或环境具有中等危害或具有潜在危险的致病因子，对健康成人、动物和环境不会造成严重危害，具有有效预防和治疗措施
三级	对人体、动植物或环境具有高度危险性，主要通过气溶胶使人感染上严重的甚至是致命的疾病，或对动植物和环境具有高度危害的致病因子。通常有预防治疗措施
四级	对人体、动植物或环境具有高度危险性，通过气溶胶途径传播或者传播途径不明，或未知的、危险的致病因子，没有预防治疗措施

3.4.2 生物安全实验室的监管

(1) 一般性要求

① 应在实验室门口张贴生物危害标识（图3-34）标明所使用的传染性病原体、实验室负责人的姓名和联系电话，并标明进入实验室的具体要求。

图 3-34

② 生物实验室的相关实验人员需经过相关机构培训，取得证书，持证上岗。

③ 根据生物实验室的不同级别要求配备恰当的个人防护装备，人员进入实验室前做好个人防护工作，正确使用防护装备。

④ 在实验室所在的建筑内配备高压蒸汽灭菌设备或其他恰当的消毒设备。

⑤ 开展高致病性微生物的研究必须在三级或者四级生物实验室进行，同时开展的项目须报省级卫生、农业部门审核批准，其他涉及病原微生物的实验也必须在一级或者二级生物实验室进行。

⑥ 实验涉及生物危害因子的须在生物安全柜中进行或在其他防护设施中进行。

⑦ 安全保存菌、毒种等生物活性实验材料，同时严格监控，设立台账，记录使用情况，实行双锁制度。

(2) 动物实验管理

① 实验动物许可管理：实验动物的生产和使用实行许可证制度。

② 实验动物使用要求。

a. 动物实验必须在具有实验动物使用许可证的场所进行。

b. 实验动物必须有动物供应部门提供的实验动物质量合格证明，严禁从无实验动物质量合格证明的单位或从农贸市场购买动物作为实验动物。

c. 使用实验动物进行动物实验时，应善待动物，动物实验方案设计应该遵循"3R 原则"；手术室进行必要的无痛麻醉，做完实验后动物要进行安乐死。

d. 实验动物的尸体、组织及感染性排泄物（包括垫料）须放置在指定的位置。

3.5 激光安全

激光/放大光源产生的光线在自然界中原本不存在，高强度光等激发物质被输入激光枪后，形成激光发射或者激光输出。虽然输出的是光，但是激光与太阳光或灯泡发出的光有很大的区别。因此，由于激光的特殊性，通常在使用过程中存在一定的危险性。激光（图 3-35）能够产生人眼看得到的单色光，还具有干涉性，即所有光波的相位彼此相同，具有干涉性的光比相同波长和强度的光危险得多。

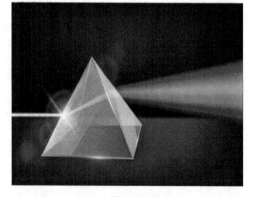

图 3-35

3.5.1 激光等级的分类

可根据终端用户在工作中用到的波长和输出功率对激光系统进行分类，这种分类也可以看作是激光系统危险程度的分类。分类标准由发射波长、输出功率和波束特性决定。分类从一级开始，共4类，激光系统的分类等级越高，危险性越大。激光等级通常用罗马数字标注在激光系统上，产品上一般贴有分类标签，标签中除了有文字警示外，还包括波长、总输出功率、激光分类等信息。

(1) 一级激光

一级激光属于本身安全型激光，该系列激光在正常使用情况下不会给健康带来危害，产品使用了防止工作人员在工作过程中进入激光辐射区域的设计。

(2) 二级激光

二级激光指小功率、可见激光。用户凭借对强光眨眼反射可保护自己，但是如果长时间直视会带来危险，二级激光需要张贴警示标识（图3-36）。

(3) 三级激光

三级激光系统也要张贴"警示"标识，有时要张贴"危险"标识。如果只是短时间看到，用户凭借人眼对光的排斥反应会起到保护作用。三级激光系统如果直视或者看到二次光束可能造成伤害。通常该系列经无光表面反射后不会造成伤害。尽管它们对人眼存在伤害，但是引起火灾、烧伤皮肤的危险性较小。建议使用该系列激光时佩戴护眼装置。

图 3-36

(4) 四级激光

四级激光对皮肤和眼睛都存在伤害。直接反射、二次反射、漫反射均会造成伤害。所有四级激光系统都带有"危险"标识。四级激光还损坏激光区域内或附近的材料，引燃可燃物质。使用该系列激光需要佩戴护眼装置。

3.5.2 激光的危害

(1) 对人眼的危害

通常一提起激光人们，人们最为关心的是眼睛。激光对人眼的伤害取决于激光波长和输出功率的大小。可见光（400～700nm）和近红外光（700～1400nm）能够透过瞳孔聚焦于视网膜，从而对视网膜、视神经和眼睛的中心部位造成不可逆的伤害。非近红外波长的不可见光会给眼睛的外部造成损伤，紫外光辐射（180～400nm）会伤害角膜和晶体，中红外辐射（1400～3000nm）可能穿透眼睛表面造成白内障，远红外可能损害眼睛外表面或者角膜。

(2) 对电气伤害

激光产品采用的电压（包括直流和交流）通常较高，因而对所有电缆和连接处不得产生麻痹大意思想，应时刻提防电缆、连接器或设备外壳存在的危险。

(3) 其他伤害

① 激光系统可能烧伤皮肤，烧伤的程度与激光波长和功率有关。

② 部分激光的强度足以烧毁衣服、纸张，或者引燃溶剂和其他一些易燃物质，使用时必须注意。

③ 高功率的激光器在使用过程中可能存在高温或熔化的金属片，在实际使用过程中要

当心高温碎片的产生。

3.5.3 个人防护

(1) 安全环境

激光的使用环境决定激光的安全防护措施。激光的防护措施必须适于三级和四级激光束在室内和室外受控区域使用。例如三级激光的使用者限制为受过培训的专业人员，而且要控制光束，使其不要扩散至危害区域之外；提供适当的维护设备，用光束挡板阻挡有潜在危害的激光束，在光束中或接近光束的位置使用漫反射挡光材料。四级激光的工作场所需要更多的防护措施：①有效的硬件设施用于关断激光或者减少激光的辐射量；②锁闭过载操作的自锁闭机构；③要求受过培训的工作人员配备个人防护用品；④表示激光正在工作的醒目的图像或者声音标志。

(2) 眼部防护

激光对视觉的伤害是激光产品最大的潜在危害。上面提到了不同波长的激光会对眼睛的不同部位造成不同程度的伤害。防护不同波段的激光有不同的眼镜。所需要的激光波长和适当的光学密度（OD）是选择激光防护眼镜的两个要素。因此，在眼镜上标明光密度和特定的波长信息是十分重要的，这样可以在特定的激光波长和功率水平下选择合适的眼镜。例如，护目镜标着 OD4@532nm，只可以阻挡 532nm 绿色激光，不可以阻挡其他波长激光，如 690nm 红激光。对眼睛的安全防护不能仅仅依赖防护镜，即使佩戴了防护镜也不能直接在光路中进行观察。在使用功率非常高的激光产品时，唯一的选择就是采用工具设备来阻止激光直接照射人体。

(3) 保护皮肤

暴露于 250~380nm 波长的激光中皮肤会产生灼伤、皮肤癌、皮肤加速老化等现象，尤其是 280~315nm 紫外到蓝光波段的激光对皮肤的伤害最严重。暴露于 280~400nm 波段的激光中的皮肤会加速色素沉积，310~600nm 波段的激光会使皮肤发生光敏反应，700~1000nm 波段的激光会使皮肤灼伤或者角质化。较好的保护皮肤的措施包括穿长袖的由防燃材料制成的工作服，激光受控区域安装由防燃材料制成并且表面涂覆黑色或者蓝色硅材料的幕帘和隔光板以吸收紫外辐射并阻挡红外线。

3.5.4 激光安全的管理要求

① 对功率大的激光器应建立互锁装置等安全设施，并定期安检。
② 激光箱及控制台应张贴警示标识，并且能够被人清楚地看到。
③ 使用者必须经过相关培训，无关人员禁止入内，严格按照操作程序进行试验，操作期间，必须有人看管。
④ 必须在光线充足的情况下进行实验，并采取必要的防护措施，切勿直视激光光束或折射光，避免身体直接暴露在激光光束中。
⑤ 使用者上岗前，必须接受眼部检查，并定期复查（1次/年）。
⑥ 注意防止激光对他人造成伤害。

第 4 章

实验室环保安全

　　高校实验室分布区域分散，废弃物排放量较少，但种类繁多，有的甚至造成重大安全隐患，对环境所造成的污染不容小觑。从高校各类实验室排出的废弃物，特别是化学物质，如化学废气、废液、废渣等，如果未经处理就直接排放到自然界中，天长日久其危害可想而知，因此实验室废弃物对环境污染的问题应引起高度重视。实验室废弃物污染主要有化学污染、生物性污染、放射性污染等，其中较为普遍的为化学污染及生物性污染。由于实验室产生的废弃物大多数不同于生活垃圾，其可能具有有毒有害、易燃易爆等不同特征，不合理的处理将会对我们以及周边环境造成严重的危害。因此，正确处理实验废弃物是必须要做的，是实验操作者必须要学习了解的知识（图 4-1）。

图 4-1

彩图

4.1　环境污染物质概述

4.1.1　环境污染物的含义

　　环境污染物是环境科学研究的对象，是指进入环境后使环境的正常组成和性质发生变化、直接或间接有害于人类生存或造成自然生态环境衰退的物质，是环境监测研究的对象。大部分环境污染物是由人类的生产和生活活动产生的，其中有些物质原本是生产中的有用物质，甚至是人和生物必需的营养元素，由于未充分利用而大量排放，不仅造成资源上的浪费，而且可能成为环境污染物。

4.1.2 环境污染物的分类

① 环境污染物按受污染物影响的环境要素，可分为大气污染物、水体污染物和土壤污染物。

② 按污染物的形态，可分为气体污染物、液体污染物和固体污染物。

③ 按人类的生产与活动，可分为工业环境污染物、城市环境污染物和农业环境污染物。

④ 按污染物的性质，分为化学污染物、物理污染物和生物污染物。化学污染物又可分为无机污染物和有机污染物；物理污染物又可分为噪声、微波、辐射、放射性污染物等；生物污染物又可分为病原体、变应原污染物等。

⑤ 按污染物在环境中物理与化学性质的变化，可分为一次污染物和二次污染物，其中一次污染物称为原生污染物，二次污染物又称为次生污染物。

4.1.3 环境污染物的性质

(1) 自然性

长期生活在自然环境中的人类，对于自然物质有较强的适应能力。有人分析了人体中60多种常见元素的分布规律，发现其中绝大多数元素在人体血液中的百分含量与它们在地壳中的百分含量极为相似。但是，人类对人工合成的化学物质，其耐受力则要小得多。所以区别污染物的自然或人工属性，有助于估计它们对人类的危害程度。

(2) 毒性

毒性是环境污染物危害中最典型的特征。污染物的毒性可使生命体在直接或者间接摄入污染物后，导致该生命体及其后代发病、行为反常、遗传异变、生理机能失常、机体变形或者死亡。一般污染物中的氰化物、砷及其化合物、汞、铍、铅、有机磷和有机氯等化学污染物的毒性最强。

(3) 时空分布性

污染物进入环境后，随着水和空气的流动被稀释扩散，可能造成由点源到面源更大范围的污染，而且在不同空间的位置上，污染物的浓度和强度分布随着时间的变化而不同，这是由污染物的扩散性和环境因素所决定的，水溶性好的或挥发性强的污染物，常能扩散输送到更远的距离。

(4) 活性和持久性

污染物在环境中具有稳定的活性和持久性。有些活性高的污染物质，在环境中或在处理过程中易发生化学反应生成比原来毒性更强的污染物，构成二次污染，严重危害人体及生物。

(5) 生物累积性

在环境中，只存在一种污染物质的可能性很小，往往是多种污染物质同时存在。有些污染物可在人类或生物体内逐渐积累、富集,尤其在内脏器官中的长期积累,由量变到质变引起病变发生,危及人类和动植物健康。

人类只有一个可生息的"地球村",保护环境是每个地球村村民的责任。高校实验室作为校园环境的一部分,根据专业所需而产生种类繁多的废弃物,尤其是一些具有毒性和传染性的化学与生物等危险废物,若不通过妥善处理直接倾倒,则会与多种环境污染物混在一起而产生综合效应,有可能对环境和生命体造成重大污染和伤害。

4.2 危险废物的起源与危害

4.2.1 危险废物的起源

【案例引入 4-1】美国拉夫运河污染事件

1947 年,美国胡克电化学公司买下了拉夫运河及运河两岸土地,并把它们作为倾倒化学废物的场所。从 20 世纪 20 年代初到 1952 年,有大约 21000t 的有毒化学废物被倾倒在运河河道中,其中包括在美国明令禁止使用的杀虫剂、DDT 杀虫剂、复合溶剂、电路板和重金属等多种有害物质。

1953 年,这条充满各种有毒废物的运河被公司填埋覆盖好后转赠给当地的教育机构。此后,纽约市政府在这片土地上陆续开发了房地产,盖起了大量的住宅和一所学校。从 1977 年开始,这里的居民不断发生各种怪病,孕妇流产、儿童夭折、婴儿畸形、癫痫、直肠出血等病症也频频发生。1987 年,这里的地面开始渗出含有多种有毒物质的黑色液体。

1980 年 12 月 11 日,美国国会通过了著名的《综合环境响应、赔偿和责任法》——又名《超级基金法》,令胡克电化学公司和纽约州政府向被认定受害居民赔偿经济损失和健康损失费 30 亿美元。此后的 35 年,纽约州政府花费了 4 亿多美元处理拉夫运河里的有毒废物,尽管这样,依然有人声称该地还有大量未被清除的有毒物质。这是联邦资金第一次被用于清理泄漏的化学物质和有毒垃圾场。

美国拉夫运河事件是最早的危险废物典型案例,催生了具有划时代意义的《超级基金法》,该法案最重要的条款之一,就是针对责任方建立"严格、连带和具有追溯力"的法律责任,不论潜在责任方是否实际参与或造成了场地污染,也不管污染行为发生时是否合法,潜在责任方都必须为污染负责。

4.2.2 危险废物的界定

危险废物的界定在《国家危险废物名录》(以下简称《名录》)中有详细阐述,2021 年《国家危险废物名录》"第二条"和"第四条"给出了危险废物的界定。

《名录》"第二条"规定:具有下列情形之一的固体废物(包括液态废物),列入本名录:①具有毒性、腐蚀性、易燃性、反应性或者感染性中一种或者几种危险特性的;②不排除具有危险特性,可能对生态环境或者人体健康造成有害影响,需要按照危险废物进行管理的。

《名录》"第四条"规定:危险废物与其他物质混合后的固体废物,以及危险废物利用处置后的固体废物的属性判定,按照国家规定的危险废物鉴别标准执行。

《名录》中"第五条"对危险废物的有关术语解释如下。①废物类别，是在《控制危险废物越境转移及其处置巴塞尔公约》划定的类别基础上，结合我国实际情况对危险废物进行分类；②行业来源，是指危险废物的产生行业；③废物代码，是指危险废物的唯一代码，为8位数字，其中，第1~3位为危险废物产生行业代码［依据《国民经济行业分类》（GB/T 4754—2017）确定］，第4~6位为危险废物顺序代码，第7~8位为危险废物类别代码；④危险特性，是指对生态环境和人体健康具有有害影响的毒性（toxicity，T）、腐蚀性（corrosivity，C）、易燃性（ignitability，I）、反应性（reactivity，R）和感染性（infectivity，In）。

《名录》中"第六条"对不明确是否具有危险特性的固体废物的鉴别给出明确指示：应当按照国家规定的危险废物鉴别标准和鉴别方法予以认定。经鉴别具有危险特性的，属于危险废物，应当根据其主要有害成分和危险特性确定所属废物类别，并按代码"900-000-××"（××为危险废物类别代码）进行归类管理。经鉴别不具有危险特性的，不属于危险废物。

《名录》归类危险废物类别总计46大类，467小类。其中危险废物大类按行业来源进行了细分，每小类有产生工艺的简要说明。对未列入《国家危险废物名录》或根据危险废物鉴别标准无法鉴别，但可能对人体健康或生态环境造成有害影响的固体废物，由主管行政部门组织专家认定。

4.2.3 危险废物的危险特性

图 4-2

危险废物是指列入《国家危险废物名录》或者根据国家规定的危险废物鉴别标准和鉴别方法认定的具有腐蚀性、毒性、易燃性、反应性和感染性等一种或者一种以上危险特性，以及不排除具有以上危险特性的固态或液态废物。危险废物具有5个典型的危险特性（图4-2）。

① 腐蚀性（C）：是指易于腐蚀或溶解组织、金属等物质，且具有酸性或碱性的性质。

② 毒性（T）：分为急性毒性、浸出毒性、毒性物质含量。急性毒性是指机体（人或实验动物）一次（或24小时内多次）接触外来化合物之后所引起的中毒甚至死亡的效应。浸出毒性是指固态的危险废物遇水浸沥，其中有害的物质迁移转化，污染环境，浸出有害物质的毒性。毒性物质含量是指剧毒物质、有毒物质、致癌性物质、致突变性物质、生殖毒性物质、持久性有机污染物的含量。

③ 易燃性（I）：是指易于着火和维持燃烧的性质。但是像木材和纸等废物不属于易燃性危险废物。

④ 反应性（R）：是指易于发生爆炸或剧烈反应，或反应时会挥发有毒气体或烟雾的性质。

⑤ 感染性（In）：是指细菌、病毒、真菌、寄生虫等病原体，能够侵入人体引起的局部组织和全身性炎症反应。

4.2.4 危险废物的鉴别程序

① 依据2021年《国家危险废物名录》判断，凡列入《名录》的，属于危险废物，不需要进行危险废物鉴别。

② 未列入《名录》的，按照 GB 5085.1—GB 5085.7 鉴别标准进行鉴别，凡是具有腐蚀性、毒性、易燃性、反应性等一种或一种以上危险特性的，属于危险废物。

③ 对未列入《国家危险废物名录》或根据危险废物鉴别标准无法鉴别，但可能对人体健康或生态环境造成有害影响的固体废物，由主管行政部门组织专家认定。

4.2.5 危险废物的危害

危险废物的危害主要包括对人体健康的危害和对环境的危害。对人体健康的危害往往通过可燃性、腐蚀性、反应性、传染性、放射性及浸出毒性、急性毒性等表现出来，人接触后轻者受伤重者死亡。对环境的危害通过在土壤、水体、大气等自然环境中迁移、滞留、转化，污染土壤、水体、大气等人类赖以生存的生态环境，从而最终影响到生态和人体健康。危险废物一旦进入土壤，特别是一些含有重金属的废弃物，将会导致土壤中重金属含量大幅超标，种植的作物重金属含量超标，部分废弃物会杀死土壤中的微生物，造成土壤肥力下降，生态破坏。危险废物如重金属一旦进入水体，极易污染土壤和水域中的鱼类，而最终危害人体健康，引发癌症等多种可怕疾病，比如日本的汞污染引起的水俣病和镉污染引起的骨痛病。很多化学实验废气如果不经吸收或者未处置直接排入大气将会严重影响空气质量，造成大气污染，严重时可使人畜中毒。部分危险化学废物在堆放过程中，会发生分解，产生有害气体，污染大气。还有一些危险化学品废物具有强烈的反应性和可燃性，极易引发火灾，造成难以挽回的损失。

4.3 实验室危险废物

【案例引入4-2】意大利核物理实验室污染事件

意大利格兰·萨索实验室是意大利国家核物理研究院所属的四大国家实验室之一，距罗马和拉奎拉120km左右。它是意大利的地下物理研究中心，由于进出容易、规模大和极好的岩石掩盖，格兰·萨索实验室成为世界上研究物质稳定性、太阳中微子和原始磁单极以及大量多学科间研究项目的重要实验室。

2016年8月，格兰·萨索实验室将50L有毒化学溶剂二氯甲烷排入地下水中，造成永久性重度污染的风险。导致泰拉莫省32个市地下水遭到污染，70万人的饮用水安全受到影响。事发后，意大利政府共投入8000万欧元用以改善被污染的水资源，且该实验室大量科学研究被迫中断甚至终止。

4.3.1 实验室危险废物的分类

根据《国家危险废物名录》，实验室危险废物属于HW49其他废物类别非特定行业、HW29含汞废物类别非特定行业、HW01医疗废物类别卫生行业中产生的废弃物，主要有化学危险废物和医疗危险废物两种，见表4-1和表4-2。

(1) 实验室化学危险废物

表 4-1　实验室化学危险废物名录

危险废物类别	行业来源	废物代码	危险废物	危险特性
HW49 其他废物	非特定行业	900-041-49	含有或沾染毒性、感染性危险废物的废弃包装物、容器、过滤吸附介质	T/In
		900-047-49	生产、研究、开发、教学、环境检测(监测)活动中，化学实验室产生的含氰、氟、重金属无机废液及无机废液处置产生的残渣、残液，含矿物油、有机溶剂、甲醛有机废液，废酸、废碱，具有危险特性的残留物品，以及沾染上述物质的一次性实验用品(不包括按实验室管理要求进行清洗后的废弃的烧杯、量器、漏斗等实验室用品)、包装物(不包括按实验室管理要求进行清洗后的试剂包装物、容器)、过滤吸附介质等	T/C/I/R
		900-999-49	被所有者申报废弃的，或未申报废弃但被非法排放、倾倒、利用、处置的，以及有关部门依法收缴或接收且需要销毁的列入《危险化学品目录》的危险化学品(不含该目录中仅具有"加压气体"物理危险性的危险化学品)	T/C/I/R
HW29 含汞废物	非特定行业	900-023-29	生产、销售及使用过程中产生的废含汞荧光灯管及其他废含汞电光源，及废弃含汞电光源处置过程中产生的废荧光粉、废活性炭和废水处置污泥	T
		900-024-29	生产、销售及使用过程中产生的废含汞温度计、废含汞血压计、废含汞真空表、废含汞压力计、废氧化汞电池和废汞开关	T

(2) 实验室医疗危险废物

表 4-2　实验室医疗危险废物名录

危险废物类别	行业来源	废物代码	危险种类	危险特性	危险特征	危险废物种类
HW01 医疗废物	卫生	841-001-01	感染性废物	In	携带病原微生物，具有引发感染性疾病传播危险的医疗废物	病原体的培养基、标本和菌种、毒种保存液；各种废弃的医学标本；废弃的血液、血清等
		841-002-01	损伤性废物	In	能够刺伤或者割伤人体的废弃的医用锐器	医用针头；医用锐器等
		841-003-01	病理性废物	In	诊疗过程中产生的人体废物和医学实验动物尸体等	废弃的人体组织；医学实验动物的组织、尸体等
		841-004-01	化学性废物	T/C/I/R	具有毒性、腐蚀性、易燃易爆性的废弃的化学物品	医学影像室、实验室废弃的化学试剂；废弃的化学消毒剂；废弃的含汞温度计、血压计等
		841-005-01	药物性废物	T	过期、淘汰、变质或者被污染的废弃的药品	废弃的一般药物、细胞毒性药物和遗传毒性药物、废弃的疫苗等

(3) 实验室危险废物的界定

实验室危险废物指学校、科研院所、检测单位及企业等单位的实验室，在进行科研、教学、检测等活动中产生的具有腐蚀性、毒性、易燃性、反应性和感染性等危险特性的废弃物。主要有废气、废液、废渣（固体废物）三种，如：试剂与样品的挥发物；实验室废液与废弃的液态试剂；动物尸体、固态化学试剂、沾染试剂的容器或包装物、废弃针头等。

4.3.2 实验室"三废"基础知识

(1) 实验室废气

【案例引入 4-3】废气中毒事件

2021年7月，某新材料有限公司在停产期间进行废水收集池清理作业时发生一起中毒事故。该公司1名员工下池底进行清淤时吸入有害气体晕倒，另4名工友施救时相继中毒。事发后，公安、消防、应急管理、120急救等部门及社会救援组织第一时间赶赴现场开展救援。其中3人经医院全力抢救无效死亡，2人救治后有待长期康复。

① 废气的含义：实验室废气是指试剂与样品的挥发物、分析过程中间产物等。

② 废气的分类：实验室废气分为无机废气、有机废气、恶臭废气、粉尘废气、生物废气、混合废气等。

无机废气主要包括：氮氧化物、硫酸雾、氯化氢、二氧化碳、二氧化硫、氯气、溴蒸气、氨气等。

有机废气主要包括醇酚类废气、醚酯类废气、醛酮类废气、芳香类废气、羧酸类废气。

③ 废气的特点：a.种类繁多，成分复杂；b.量小分散，立体污染；c.排放间歇、累积量多。

④ 废气的危害

a.实验室无机废气的危害：无机废气中有很多都是含硫化合物、含氮化合物及卤素化合物，危害极大。如：人体如果吸入过多的硫化氢（H_2S），轻者会头疼恶心，重者则会休克。

b.实验室有机废气的危害：芳香胺类有机物可致癌，二苯胺、联苯胺等进入人体可以造成缺氧症；有机氮化合物可致癌；有机磷化合物可降低血液中胆碱酯酶的活性，使神经系统发生功能障碍；有机硫化合物中，低浓度硫醇可引起不适，高浓度可致人死亡；含氧有机化合物，吸入高浓度环氧乙烷可致人死亡；丙烯醛对黏膜有强烈的刺激；戊醇可以引起头痛、呕吐、腹泻等；苯类有机物损害人的中枢神经，造成神经系统障碍，当苯蒸气浓度过高时（空气中含量达2%），可以引起致死性的急性中毒；多环芳烃有机物有强烈的致癌性；苯酚类有机物可使细胞蛋白质发生变性或凝固，致使全身中毒；腈类有机物可引起呼吸困难、严重窒息、意识丧失甚至死亡。

为了实验室操作人员的人身安全，产生有毒有害气体的实验操作要在通风橱内进行，这是保证室内空气质量和人员健康安全的有效办法。

(2) 实验室废液

【案例引入 4-4】日本水俣病事件

1939年，日本氮肥公司的合成醋酸厂在日本九州的"水俣小镇"生产氯乙烯，而产生的废液采用直排方式进入"水俣小镇"西侧海湾。由于该公司在生产氯乙烯和醋酸乙烯时，使用了含汞的催化剂，因而废液中含有大量的汞。这些含汞废液进入水俣湾后经过某些生物的转化，形成甲基汞，这些有机汞在海水、底泥和鱼类中富集，又经过食物链使人中毒。1950年，在水俣湾附近的渔村中，出现了一些莫名其妙的疯猫，它们一开始走路摇摇晃晃，还不时出现抽筋麻痹等症状，最后跳入海中溺死。大约五六年以后，该地区出现了与猫症状相似的病人，患者开始时只是口齿不清、步履蹒跚，继而面部痴呆、全身麻木、耳聋眼瞎，最后变成精神失常，直至躬身狂叫而死。至1991年，此水俣病事件累计有1004人死亡，上万人受害，成千上万的渔民因此失业，此次事故震惊了世界（图4-3）。

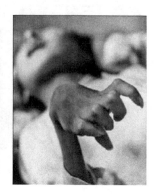

图 4-3

① 废液的概念：实验室废液泛指液体废弃物（图4-4）。其中，具有毒性、腐蚀性、可燃性、反应性或其他危险性的化学废液属于危险废液，其浓度或数量足以影响人体健康和导致环境污染。

彩图

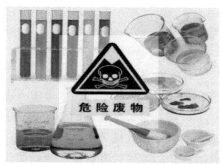

图 4-4

② 废液的分类（图4-5）：实验室废液主要为液态的失效试剂、中间产物以及各种高浓度的洗涤液，主要有无机废液、有机废液两大类。无机废液包括：含重金属废液、含酸碱废液、含汞废液、含氰废液、含氟废液、含卤化物废液等。有机类废液包括：含油脂类废液、含有机磷废液、含酚废液等。

③ 废液的特点：种类繁多，成分复杂；量大集中，毒害性强；产生综合效应，环境污染性强。

④ 废液的危害：危险化学废液若不经过无害化处置，随意排放进入饮用水体，不仅会严重污染环境，而且因为其排放的积累，导致环境污染状况日益恶化。一旦危险化学废液进入水体，经过渗透作用有害成分会使土壤成分与结构发生改变，而土壤中生长的植物在吸收了有害成分后同样会被污染，最终导致大面积土壤无法耕种。废酸、废碱直接排入河流中，

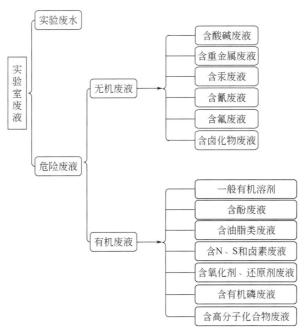

图 4-5

如果排入量较小，短时间内可能不会带来肉眼观察出的明显影响，但是日积月累，河流的自身分解系统无法消纳，将使河流的酸碱性发生变化，从而使河流中生存的鱼虾、水草等生物死亡。如果重金属盐进入江河，就会富集在鱼类体内，将通过食物链不断积累，最后危害人类，这是任何人都无法逃避的。大多数有机溶剂和具有剧毒的化学废液可使人致癌，直接任意排放将会给人类造成非常严重的后果。

(3) 实验室废渣

【案例引入 4-5】固体废物处置事件

某高校实验室在新校区搬迁整理化学品时，清理出来大量过期的化学试剂（图 4-6），很多固体试剂还没有标签，这些没有标签的试剂按照剧毒类废弃物的价格进行处置，费用多达两百多万元，给学校造成极大的经济损失。这次事件教训表明，废弃试剂一定要保证标签正常清晰，以便后续处置；试剂不宜大量无计划购置，要从源头上减少资源浪费。

图 4-6

① 废渣的概念：废渣广泛定义为固体废物，实验室废渣是指在实验与科研活动中产生的丧失原有利用价值或者虽未丧失利用价值但被遗弃的固体废物。

② 废渣的分类：实验室废渣包括一般固体废物和危险固体废物。一般固体废物指没有沾染危险废物的生活垃圾；危险固体废物指具有危险特性的实验产物，如失效的固体废弃试剂，盛装过危险化学品的空容器，沾染危险化学品的实验耗材、碎玻璃器皿以及废弃针头等（图 4-7）。

(a)废弃的试剂与空瓶

(b)动物尸体

(c)沾染性固体废物

(d)废弃玻璃回收箱

(e)废弃针头

(f)废弃电池回收箱

图 4-7

③ 废渣的特点与危害：实验室废渣即实验室固体废物，其特点是种类繁多，成分复杂，危害性大。尤其是易燃易爆炸易发生化学反应的危险化学品，储存、操作或者处理不当，将导致严重的伤害事故和污染事故。

目前，个别高校实验室的环境令人担忧，实验过程产生的废气无组织排放、废液随下水道直排、试剂瓶随意丢弃，导致实验区异味难闻，直接对实验室周边环境造成严重污染，威胁师生和公众的健康安全，存在巨大安全隐患。实验室废液随意倾倒和废气直接排放容易带来意外伤害和区域环境污染，需要予以高度重视，完善实验室规章制度，依据国家环保法律法规对实验室"三废"进行安全规范化处置。

4.4 实验室废物的收集与处置原则

4.4.1 实验室"三废"收集储存原则

【案例引入 4-6】废液收集储存事件

某高校在收集废液时没有遵守废弃物收集储存技术规范，在一个废液桶内混杂了多种不同性质的废液，并且在收集后将废液桶长期搁置。结果在一次倾倒废液过程中发生燃烧，用了四个灭火器才将火扑灭。这次事故中实验室危险废液未能进行分类收集及安全处置，许多废弃物收集在一个废液桶中是非常危险和错误的；此外废液放置时间过长，也存在较大安全隐患。

将实验室废物进行分类与收集，是实验室废物安全处理的前提条件，也是国家法律法规的要求。要根据实验室特点及产生废弃物的种类不同，结合国际标准和国家相关法律规范，对实验室废物进行分类、收集和储存。目前涉及实验室废物安全管理的法律和规范主要有：①《国家危险废物名录》（2022 年版）；②《中华人民共和国固体废物污染环境防治法》（中华人民共和国主席令第四十三号）；③《环境保护图形标志 固体废物贮存（处置）场》（GB 15562.2—2020）；④《危险废物贮存污染控制标准》（GB 18597—2001）；⑤《危险废物收集 贮存 运输技术规范》（HJ 2025—2012）；⑥《实验室废弃化学品收集技术规范》（GB/T 31190—2014）；⑦《教育部 国家环境保护总局关于加强高等学校实验室排污管理的通知》（教技［2005］3号）；等。

(1) 分类收集储存原则

实验室废物要依据不同废弃物的性质进行分类收集，严禁将危险废物与生活垃圾混装。性质相同或相近相容的废弃物应收集在一起，性质不同或不相近不相容的废弃物应分门别类进行收集储存，以方便废弃物后续的转存、转运、利用和安全处置。

(2) 收集记录储存原则

实验室人员在离开实验室前，要及时收集产生的废弃物，以免留下安全隐患。及时做好废弃物收集台账记录，标注危险废物产生的实验室、联系电话，危险废物的名称、成分、性质和储存日期等信息（图 4-8）。待废弃物收集容器达到储存所需量，移至专用储存室储存，不得在实验室内大量积聚化学废弃物。原则上，废液在实验室的停留时间不应超过 6 个月。

(3) 安全收集储存原则

收集实验室废物要选择没有破损或不会被废液腐蚀的容器，明确实验室废物的性质和特

彩图

图 4-8

点,针对不同废物采取不同的收集储存方式,以保证在收集、储存过程中不会发生起火、爆炸、泄漏、腐蚀等危害人身安全和导致环境污染的事故,应特别注意以下几点。

① 酸不能与活泼金属(如钠、钾、镁)、易燃有机物、氧化性物质、接触后即产生有毒气体的物质(如氯化物、硫化物及次卤酸盐)收集在一起。

② 强碱不能与强酸、铵盐、挥发性胺等收集在一起。

③ 易燃物不能与有氧化作用的酸或易产生火花、火焰的物质收集在一起。

④ 过氧化物、氧化铜、氧化银、氧化汞、含氧酸及其盐类、高氧化价的金属离子等氧化剂不能与还原剂(如锌、碱金属、碱土金属、金属的氢化物、低氧化价的金属离子、醛、甲酸等)收集在一起。

⑤ 含有过氧化物、硝酸甘油之类爆炸性物质的废液,要谨慎地操作,并应尽快处置;能与水作用的废弃物应放在干冷处并远离水。

⑥ 不要把金属和流体废溶液放在一起。

⑦ 与空气易发生反应的废弃物(如黄磷遇空气立即生火)放在水中并盖紧瓶盖。

⑧ 对硫醇、胺等会发出臭味的废液和会产生氢氰酸、磷化氢等有毒气体的废液以及易燃性的二硫化碳、乙醚之类的废液,要加以适当的处置,防止泄漏,并应尽快进行处置。

彩图

(4) 标识明确储存原则

实验室废物大多含有易燃易爆、有毒有害组分,收集贮存废弃物的容器和场所必须明确标识(图4-9),明确废弃物与储存场所的性质、状态与危害

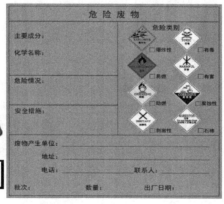

图 4-9

等信息，以便于安全管理及后续安全有效处置。实验室废物标识底色为醒目的橘黄色，字体为黑体字，具体参照《危险废物贮存污染控制标准》（GB 18597）。

（5）相容性收集储存原则

实验室废物要依据不同性质进行分类收集，不具有相容性的废弃物应分别收集，不相容废弃物的收集容器不可混贮。各实验室要根据本实验室产生的废弃物情况列出废弃物相容表，悬挂于实验室明显处，并公告周知。实验室不同危险废物相容情况见表 4-3。

彩图

表 4-3 常见危险废物相容表

反应类编号	反应类名称
1	酸、矿物（非氧化性）
2	酸、矿物（氧化性）
3	有机酸
4	醇类、二醇及酸类
5	农药、石棉等有毒物质
6	酰胺类
7	胺、脂肪族、芳香族
8	偶氮化合物、重氮化合物和联胺
9	水
10	碱
11	氰化物、硫化物和氟化物
12	二磺氨基碳酸盐
13	酯类、醚类、酮类
14	易爆类①
15	强氧化剂②
16	烃类、芳香族、不饱和烃
17	卤化有机物
18	一般金属
19	铝、钾、锂、镁、钙、钠等易燃金属

说明：

反应颜色	结果
	产生热
	起火
	产生无毒性和不易燃性气体
	产生有毒气体
	产生易燃气体
	爆炸
	剧烈聚合作用
	或许有危害性但不稳定

示例：产生热并起火及产生有毒气体

① 易爆物包括溶剂、废弃爆炸物、石油废弃物等。
② 强氧化剂包括铬酸、氯酸、双氧水、硝酸、高锰酸等。

（6）专用收集储存原则

建立专用危险废物储存室，基础必须防渗，符合安全与环保要求，设有通风、监控、报警系统。贮存危险废物的容器要采用密闭式且不能与废弃物发生化学反应，盛装危险化学废液的废液桶要置于盛漏托盘上面，以免废液漏出发生污染与危害。收集好的废液必须拧紧盖子，保证废液桶内液面与废液桶顶端留有 10cm 以上距离。储存室大门应张贴危险废物门牌及警示标识（图 4-10），储存室内张贴危险废物管理制度、危险废物意外事故防范措施、应急预案和危险废物储存库房管理规定等。

图 4-10

4.4.2 实验室"三废"安全处置原则

【案例引入 4-7】危险废物处置事件

彩图

2017 年 12 月，某危废处置公司在处置危险废物时，处置中心作业人员向 1 号投料坑违规直接倾倒含有硫化氢的危险废物，造成投料坑内积聚大量硫化氢等有毒有害气体。此时，另一作业人员违章进入投料坑内捡拾坠落的危险废物桶，吸入有毒气体中毒死亡；其他作业人员未按规定采取安全防护措施盲目违章施救，导致事故后果扩大，造成 5 人死亡、12 人受伤，直接经济损失约 450 万元。

(1) 源头减量原则

① 优化管理机制：建立集中购买、总量管理、跟踪检测及合理储存制度，按需购买化学试剂，减少闲置量或报废量。

② 优化实验项目：充分考虑试剂和产物的毒性及整个过程产生的"三废"对环境的污染情况，尽量排除和减少对环境污染大、毒性大、危险大以及处理困难的实验项目，选择低毒污染小且后处理容易的实验项目。

③ 推广微型实验：尽可能采用微型实验，以减轻末端"三废"处置压力。

④ 使用节废经验：把产生最少废弃物的过程写进现有实验草案，减少废弃物的最终量。

⑤ 优化实验过程：实验过程中，尽量中和一些中间产物、附带物质，使它们的毒性消失。

⑥ 废液中和利用：积极考虑废液的再利用，如将废铬酸混合液用于分解有机物，将废酸与废碱进行中和处理等。

⑦ 兼顾实验首末：尽量利用无害或易于处理的代用品，把处理或破坏掉危险物品作为实验的最后一个步骤。

(2) 绿色化学处置原则

① 防止产生废弃物原则：从源头制止污染，而不是在末端治理污染，防止产生废弃物要比产生后再去处理和净化好得多。

② 原子经济性原则：合成方法应具备"原子经济性"原则，使反应过程中所用的物料最大限度地进到终产物中，尽量采用毒性小的化学合成路线。

③ 产品安全性原则：设计的化学产品不仅具有所需的性能，还应具有最小的毒性，尽

可能避免使用辅助物质，如溶剂、分离剂等。

④ 能量消耗低原则：应考虑到能源消耗对环境和经济的影响，尽量少地使用能源，实验过程尽可能在常温和常压下进行。

⑤ 减少派生物原则：应尽量避免或减少多余的衍生反应、减少副产品。

⑥ 降解设计原则：设计可降解的产物，产物在使用后应可降解为无害的物质，而不会在环境中累积。

⑦ 原材料回收原则：采用可再生的原料，特别是用生物质代替石油和煤等矿物原料。

⑧ 回收再利用原则：实验室废物尽可能回收再利用，减少对环境的污染和处理费用。

⑨ 使用催化剂原则：使用高效率的催化剂，催化剂优于当量试剂。

(3) 及时定期安全处置原则

为了降低环境风险，消除安全隐患，避免实验室废物收集储存过程中发生意外事故，应对收集储存的实验室废物及时定期进行清理。实验室废物要尽可能回收利用，或者对其进行简单的浓缩，能够经过预处理后直接进入市政废物处理系统，如污水处理厂、垃圾处理厂、危废处理厂等的实验室废物应及时转运处理。要防止安全事故发生，在废弃物转运过程中，反应物（包括其特定形态）的选择应使其释放、爆炸、着火等化学事故的可能性降至最低。

4.5 实验室危险废物的安全处置

【案例引入 4-8】某大学废弃实验室拆迁施工爆炸事件

某大学为举办校庆对校内废弃实验室进行拆迁，因为赶工期忽略了排查安全隐患，减免了相关程序，最终引起爆炸事故，致现场施工的 4 名工人 2 名重伤，2 名轻伤，其中 1 名重伤人员经医院抢救无效死亡。爆炸周边方圆几公里内的居民有明显震感，甚至有几户居民家中的玻璃门被震碎。

4.5.1 废气的安全处置

化学实验室常见废气安全处置方法（图 4-11）：吸收法、吸附法、燃烧法、回流法、颗粒捕集法、催化氧化法。

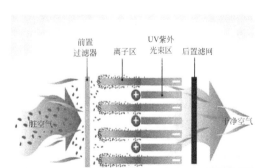

图 4-11

实验室废气的安全处置不仅仅局限于保障实验室内空气清洁，还要确保排出的废气不会对周围的环境造成污染，不能影响实验室周边的环境空气质量；既要做到无毒、无味、不易燃、不易爆、不含病原体等要求，又不得使实验室周边环境大气中有害物质的浓度超过国家规定的最高容许浓度。因此化学实验室要按规定安装通风、排毒设施，产生刺激性气味和有毒有害气体的实验操作，必须在通风橱中进行，并保证通风良好。

4.5.2 废液的安全处置

4.5.2.1 自行处置实验室废液

(1) 无机酸碱盐废液的安全处置

无机化学实验与分析化学实验通常会产生大量的无机盐和无机酸性及碱性废液，直接排放会造成水体 pH 值改变，腐蚀实验室管道甚至使地下水、土壤受到污染。一般在处理这类废液时，先测定其浓度，如果浓度较低，可加大量水稀释后直接排放；如果浓度过高，可进行酸碱中和至 pH 值呈中性后再排放。这样既达到处理目的，也节约废液处置成本。

(2) 一般有机溶剂的安全处置

对于一般有机溶剂，在对实验没有妨碍的情况下，要本着安全节约的原则，尽量回收反复使用。对可溶于水的有机溶剂，因容易成为水溶液流失，回收时要加以注意；对甲醇、乙醇及乙酸之类的有机溶剂，因能被细菌分解，故对这类有机溶剂的稀溶液，用大量水稀释后，可直接排放。

4.5.2.2 与资质处置单位合作处理废液

实验室有毒有害废弃物管理工作是高校实验室安全管理工作的重要组成部分，为了避免损害实验人员的人身安全及污染校园周边生态环境，对实验室产生的危险废物应选择与资质单位合作共赢处理。

(1) 与资质企业签订危险废物处置合同

根据产生危险废物数量情况选择立产立清转移计划或普通转移计划，与有危险废物处理资质的企业签订合同。危险废物处置合同中明确处置废物名称、废物类别、废物代码、处理总量、处置总价。危险废物处置总价的确定参考危险废物的类别（危险废物处理企业分析样品结果确定）和危险废物的总量。如，盘锦职业技术学院处理危险废物与危险废物处理企业约定每年处理 0.8t 实验室危险废液，处置总价为五万元人民币。

(2) 完成危险废物管理计划

废弃物处理单位每年年底制定下一年的危险废物管理计划，登录固废系统填报电子版危险废物管理计划，废物名称、废物代码、废物类别根据《国家危险废物名录》中对应的废物名称、代码和类别填写。废弃物的物理状态包括：固态（固态废物，S）、半固态（泥态废物，SS）、液态（高浓度液态废物，L）、气态（置于容器中的气态废物，G）等。危险特性根据《国家危险废物名录》和《危险废物鉴别标准》中规定的危害特性填写，包括"腐蚀性""毒性""易燃性""反应性"和"感染性"等。计划期限内的危险废物产生量计量单位为吨，以升、立方米等体积计量的，应折算成质量吨；以个数作为计量单位的，除填写个数外，还应折算成质量吨；半固态危险废物以脱水后的质量计量。填报完毕核对信息无误后，打印危险废物管理计划一式两份，盖学校和属地相关生态环境部门公章，学校与属地生态环境部门各留一份备案。

(3) 下载危险废物转移联单

登录固废系统点击转移管理和联单填领,输入废物台账、预计到达时间及计划移出量。废物实际出库量以实际称量为准,但不可大于危险废物管理计划内填写的计划产量,车辆及称重照片对应上传车头照片、装车照片、封车照片、危险废物实际称量照片,点击保存确定,下载转移联单。

(4) 转运危险废液

根据签订的废弃物处理合同、危险废物管理计划和危险废物转移联单,采取校企合作方式共同处理实验室危险废物。废物分类收集由学院完成,废物收集后置于专用的废物桶中,贴上标签,统一转移至废弃物暂存室贮存,再由有资质处理公司"转运"至资质企业,完成废物的安全"处理"(图4-12)。

图 4-12

4.5.2.3 采用新型工艺处理实验室废水

实验室废水处理一般有两种:一是循环使用,二是净化处理。循环使用即采取循环用水系统,使水在实验过程中多次重复使用,减少废水排放量。净化处理就是用物理、化学和生物等方法将废水中所含的污染物质分离出来,或将其转化为无害物质,从而使废水得以依法排放。这里重点介绍编者学校化学实验室冷却水循环利用教学系统及智能化改造以实现实验室节能减排、环保创新的工艺处理技术。

(1) 化学实验室冷却水循环利用教学系统的工艺设计

工艺设计目的:运用现代化工工艺技术原理,将冷却水直排方式改造为闭路循环方式,使冷却水有效回收并进行重复利用,起到化学实验室节能减排、降耗环保的效果,具有科研创新的颠覆性优势。

① 有机化学实验室1个实验工位的回流与蒸馏工艺

如图4-13所示:改造前冷却水分别由回流与蒸馏装置的冷凝管底部进入,从冷凝管顶部流出,然后经下水管路直接排入下水道;改造后,冷却水分别由回流与蒸馏装置的冷凝管底部进入,从冷凝管顶部流出,然后沿改造后的排水管路流入实验台下面的回水槽,由离心泵再次送入上水系统，重新进入冷凝管底部进行冷却，以实现单独工位冷却水循环利用的目的。

彩图

图 4-13

② 有机化学实验室 30 个实验工位的回流与蒸馏装置工艺

如图 4-14 所示（图中虚线表示智能控制管路）：有机实验室共有 5 个实验台，每个实验台有 6 个工位，共 30 个工位，每个工位在工艺流程图中用"o"表示。其改造设计工艺原理为：先将自来水经阀门 VA101 引入自制水箱 V101 中达到所需液位——高于各回水槽的最高液位，以保证送水泵（离心泵）P102 靠压差正常输送冷却水。实验时，打开液晶控制面板的电源开关，送水泵 P102 启动，在压差的作用下将水箱 V101 中的冷却水输送至 5 个实验台（V103、V104、V105、V106、V107）30 个工位的上水系统，此时冷却水由各工位的冷凝管底端进入，从冷凝管的顶端流出，然后分别流入 5 个实验台下面对应的 5 个回水槽（V110、V111、V112、V113、V114）中。当回水槽内的水位达到一定高度时，通过液位传感器传递给回水泵（离心泵）P101，回水泵 P101 启动将回水槽内的水输送至回水箱 V101 中，如此实现冷却水循环利用教学系统的目的。

（2）化学实验室冷却水循环利用教学系统的智能化改造

① 冷却水箱的智能化改造

如图 4-15 所示，在实验室墙角安装不锈钢水箱：外形 1900mm×400mm×1200mm，框架采用 25mm×38mm 不锈钢方管焊接，水箱采用 SUS304 不锈钢板制成，保证盛装冷却水不生锈。钢板厚 1.2mm，水箱下部设置供水口、回水口和排污口，盘绕全铜材质散热片，配置温度传感器，外连 1.5 匹空调室外制冷机。此冷却水水箱可根据回水温度以全自动方式开启制冷模式：当水箱内冷却水温度高于设置的冷却水温度时，液晶控制器会自动启动空调制冷系统进行制冷；当水箱内冷却水温度低于设置的冷却水温度时，液晶控制器会自动关闭空调制冷系统，从而实现水箱液晶控制系统的温度智能化管控。

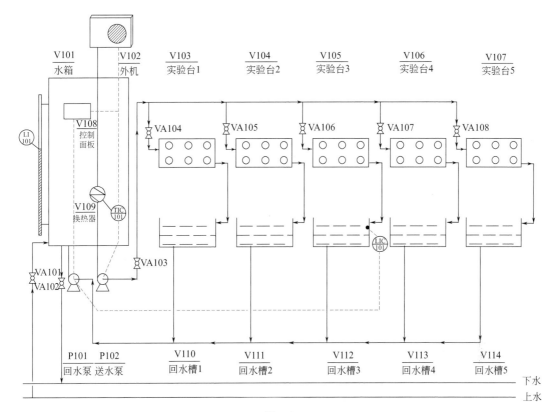

图 4-14

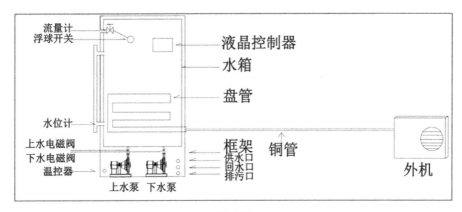

图 4-15

② 给排水管路的智能化改造

对有机化学实验室 30 个实验工位的上下水系统进行改造：首先拆除现有实验台一侧的底柜，按照工艺流程图 4-14 的工艺设计原理，在现有的 5 个实验台水槽对面加装循环水管路，管路由 80 个 6 分管径的日丰管连接而成，同时配置 5 个 300mm×200mm×300mm 型号的回水槽，在中间回水槽内侧安装液位传感器。在水箱下面安装两台 QY20-1DS 型号的不锈钢离心泵，分别用于送水和回水。在两个离心泵的泵口分别配置电磁阀，其中送水泵一端与冷却管相连以实现冷却水的温度管控，回水泵一端与液位传感器相连以实现液位传感输送。改造完成后重新将底柜安装好。两个离心泵分别与送水管路、回水管路和液晶控制面板之间形成智能控制管路,并在运转过程中实时计量系统的送水量、回水量及节水量。

(3) 智能系统模型的制作

图 4-16 为制作冷却水循环利用教学系统的缩小版模型:外形规格长宽高为 1000mm×500mm×840mm,设备底板离地高度 20mm,框架采用 25mm×38mm 不锈钢方管焊接而成。台下左侧为水箱,采用 SUS304 不锈钢板制成,板厚 1.2mm;台下右侧内部为全铜材质散热片连接微型制冷设备,由液晶控制器自动控制循环水水温;台下右侧外部为各连接电路管线,中间安装循环泵,此循环泵一端与制冷设备连接,另一端与水箱连接。系统工作时,离心泵将水箱中的水输送至制冷器设备制冷,冷却到所需温度后进入上水系统,从台上蒸馏装置的冷凝器底部进入,从冷凝管的顶部流出,然后流回水箱进行循环利用。离心泵通过循环输送自然实现能耗节约,监测系统记录水温同时记录冷却水的用水量与节水量。系统模型侧面安装供电插座,底脚安装耐用方向轮,具有满足一整套蒸馏或回流实验工位操作的冷却水循环利用功能。系统模型结构简单,功能齐全,灵活方便。

彩图

图 4-16

这套为化学实验室量身打造的冷却水循环利用教学系统,通过校企合作方式设计、安装、调试、运行,实现了高校化学实验室回流、蒸馏及有机合成实验过程中水冷却的节水降耗。将此智能节能管控模式应用到化工实训基地的吸收、传热、精馏、燃料油生产以及有冷却水回流的生产装置,每年可为学校节约千吨以上用水。在科研与实验教学场所,本系统可杜绝由于水龙头未关或水管破裂导致走水所引起的安全事故,提高实验室安全系数。

4.5.3 废渣的安全处置

4.5.3.1 实验室危险性废渣的自行处理

(1) 金属汞的处理

金属汞常温下为液体,容易蒸发且有剧毒,一旦洒落,需马上通风并进行安全处理,否则易引发中毒事件。

实验室最常见的汞来自温度计和水银压力计,若不小心打破将金属汞洒落在实验室里,必须及时用滴管儿或用在硝酸汞酸性溶液中浸过的薄铜片和铜丝将汞收集到试剂瓶中用水覆盖。散落在地面上的汞颗粒可撒上硫黄粉，生成毒性较小的硫化汞后再清除，或喷上用盐酸酸化过的高锰酸钾（体积比5：1000），过1~2h后清除，或喷上20%氯化铁水溶液，干后再清除。

（2）钾、钠等碱金属的处理

钾和钠最外层有一个电子，极易失去，因此化学性质很活泼，会与水和氧气发生剧烈的化学反应并伴有爆炸。实验室处理钾、钠废渣时，应缓慢滴加乙醇将所有的钾、钠金属反应完全，这样所产生的热量不足以使放出的氢气燃烧，生成的醇钠可用来洗玻璃仪器或加水生成氢氧化钠后再用酸中和。

（3）爆炸性残渣的处理

对于实验过程中使用或产生的有可能引起爆炸的废物残渣，如卤氮化合物、过氧化物等，不能在实验室里随便放置，应将其及时销毁。处理卤氮化合物废渣的方法是加入氨水，使其溶液呈碱性，这样就可以把它们销毁。处理过氧化物废渣的方法是：加入一定的还原剂（如硫酸亚铁、盐酸羟胺或亚硫酸钠），利用还原的方法把它们销毁。

由银镜反应产生的炔化银与氯化亚铜液氨溶液作用产生的炔化亚铜等重金属炔化物，在干燥状态下受热或撞击易发生爆炸，在实验完毕后应立即加硝酸或浓盐酸把它分解掉。

4.5.3.2 与资质处理单位合作处理实验室废渣

对标《国家危险废物名录》，将实验室产生的医疗废物、含汞废物、废弃沾染物、实验废液和废弃化学试剂等，按照危险废物的收集贮存原则，在校内完成分类收集和台账记录，置于指定的包装器皿中，贴上标签，统一转移至校内安全贮存地点，由地方政府批准成立的资质废弃物处置机构"转运"并完成固体危险废物的安全处置。废弃物的种类、名称及主要处置方式见表4-4。

表4-4　实验室废渣的主要处置方式

废物种类	主要废物	主要处置方式	危险特性
HW01	医疗废物	高温焚烧	感染性
HW29	含汞废物	综合利用	毒性
HW49	废弃沾染物	高温焚烧	毒性、感染性
HW49	实验废液	高温焚烧、物理化学	毒性、腐蚀性、易燃性、反应性
HW49	废弃化学试剂	高温焚烧、物理化学、稳定化固化填埋	毒性

（1）焚烧法

焚烧法是高温分解和深度氧化的综合过程，通过焚烧可以使可燃性固体废物氧化分解，达到减少容积、去除毒性、回收能量及副产品的目的。

焚烧法适用于不宜回收利用其有用组分、具有一定热值的危险废物。易爆废物不宜进行焚烧处置。焚烧设施的建设、运营和污染控制管理应遵循《危险废物焚烧污染控制标准》及其他有关规定。

焚烧法优点：把大量有害的废物分解成为无害的物质，并可以处理各种不同性质的废物，焚烧后可减少90%的废物体积，便于填埋处理。缺点：投资较大，焚烧过程排烟造成二次污染，设备腐蚀现象严重。

（2）填埋法

土地填埋法是从传统的堆放和填埋处置发展起来的一项最终处置技术。因其工艺简单、成本较低、适于处置多种类型的废物，是一种处置固体废物的主要方法。

土地填埋处置种类很多，采用的名称也不尽相同。按法律规范分安全土地填埋和卫生土地填埋，安全土地填埋可用于处置各种工业固体废物，卫生土地填埋适于处置一般固体废物。按填埋地形特征可分为山间填埋、平地填埋、废矿坑填埋；按填埋场所状态分为厌氧填埋、好氧填埋。

（3）固化法

固化法处理废弃物是利用物理或化学方法将有害固体废物固定或包容在惰性固体基质内，使之呈现化学稳定性或密封性。其中固化所用的惰性材料称为固化剂，有害废物经过固化处理所形成的固化产物称为固化体。

对固化处理的基本要求：①有害废物经过固化处理后所形成的固化体应具有良好的抗渗透性、抗浸出性、抗干湿性、抗冻融性及足够的机械强度等，最好能作为资源加以利用。②固化过程中材料和能量消耗要低，增容比要低。③固化工艺过程简单，便于操作。

常用的固化方法有水泥固化法、石灰固化法、热塑性材料固化法、有机聚合物固化法、自胶结固化法和玻璃固化法。

第 5 章

实验室安全应急

导致实验室安全事故产生的原因主要有三：一是人的不安全行为，二是物的不安全状态，三是实验室管理上的缺陷。发生实验室安全事故，不仅危害广大师生生命安全、造成巨大的经济损失，而且易引起实验室工作人员的恐惧心理，因此应根据"安全第一，预防为主"的原则，从明确实验室安全基础应急设施与使用开始，有效采取实验室安全应急措施，以保障实验室工作人员安全，促进实验室各项工作顺利开展，防范安全事故发生。对可能引发的化学品事故、机械损伤事故、火灾爆炸等事故，要有充分的思想准备和应变措施，确保实验室在发生事故后，能科学有效地实施处理，切实有效降低事故的危害。

5.1 实验室安全应急设施与预案

5.1.1 实验室安全应急设施

实验室安全应急设施包括个人防护器具和安全应急设备。个人防护器具包括护目镜、口罩、实验服、防护手套等，具体已在第 1 章 "1.6 实验室个体防护"做了详细介绍。实验应急设施包括：视频监控系统（图 5-1）、消防灭火系统（图 5-2）和紧急喷淋系统（图 5-3）、排风系统、化学品存放设施、烟雾报警系统、应急灯、警示信号、急救药箱、防溢吸收棉、阻燃防爆箱、MSDS、事故应急预案说明等，部分应急设施见表 5-1。

图 5-1

图 5-2

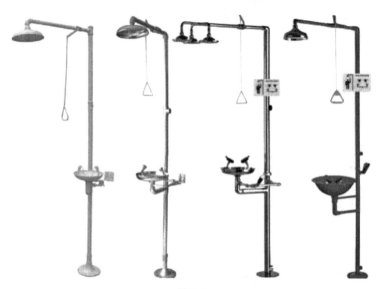

图 5-3

表 5-1　实验室安全部分应急设施

洗眼器	紧急喷淋系统	防护墙或防护掩体
烟雾报警系统	灭火沙箱	防火毯
应急灯	火灾报警系统	急救药箱
MSDS	通风橱	事故应急预案说明
化学药品运送的提篮	盛放碎玻璃或尖锐物的容器	警示信号和标识

5.1.2　实验室安全应急预案

应急预案又称应急计划，是针对可能发生的重大事故或灾害，为保证迅速、有序、有效地开展应急与救援行动、降低事故导致的损失而预先制定的有关计划和方案。它是在辨识和评估重大危险、事故类型、发生的可能性、发生过程、事故后果及影响严重程度的基础上，对应急机构与职责、人员、技术、装备、设施（备）、物资、救援行动及其指挥与协调等方面预先作出的具体安排。它明确了在突发事件发生之前、发生过程中以及刚刚结束之后，谁负责做什么、何时做以及相应的策略和资源准备等。每个实验室中都张贴有事故应急预案，在进入实验室时要首先阅读应急预案，了解事故发生后的应急程序，包括如何报警、控制灾害、疏散、急救等。

实验室发生事故后，若事态尚能控制，现场人员应积极进行抢救，阻止事态蔓延，控制事态发展；同时，应根据事件发展态势，酌情寻求专业救护人员支援，并立即将有关情况逐级上报实验室安全负责人、单位负责人、学校职能部门负责人等。若事态无法控制，现场人员（教师和学生）应及时、安全、快速撤离，并通知相关人员及时撤离。

事故现场是分析事故原因的重要依据，除特殊情况以外，应严格保护现场情况，任何人不得擅自清理事故现场。如果有实验记录和视频录像，也要进行妥善保存，不得进行涂改、毁坏。

5.2 实验室应急准备

5.2.1 为火灾准备

①熟悉实验室周围的安全逃生通道。
②了解火警警报及灭火器的位置，确保可以迅速学习使用灭火器具。
③切勿乱动任何火警侦查或者灭火装置。
④保持所有防火门关闭。

5.2.2 为实验室紧急事件准备

① 使用化学品前，须详细查阅化学品安全技术说明书（MSDS）。
② 相关安全知识可以登录实验与计算中心安全管理平台学习。
③ 熟知实验室内安全设施所在位置。
④ 准备恰当且充足的急救物资。
⑤ 了解所用物品的潜在危险性，严格按照实验室操作规程实验。
⑥ 进入实验室前须接受实验操作培训和实验室安全教育。
⑦ 若对某种做法是否安全有怀疑，最好采取保守做法（拉响警报，离开实验室，把处置工作留给专业人员）。

5.2.3 为损伤准备

① 学习简单的急救方法。
② 熟知紧急喷淋和洗眼器位置。
③ 确保急救药物器具充足有效，必要时准备特殊解毒剂。
④ 如需要使用氢氟酸或者氰化物等有毒物时，须先学习如何使用解毒剂。

5.2.4 为安全事故报告程序准备

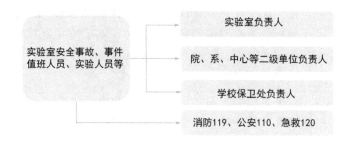

5.3 实验室事故应急处理

5.3.1 化学事故应急处理

实验室安全应急的关键是预防应急，可以避免安全事故发生；其次是防止安全事故扩大，发现险情刚刚出现苗头之时，即将险情消灭于萌芽之中；第三是面对已经发生的险情采取应急措施。

当实验室发生中毒、伤害、触电、火灾等险情时，先自行选用合适方法和技术进行事故应急处理，必要时拨打急救电话（119、120）求救，讲清报告人的姓名、事故地点、发生原因、危险情况以及可能会引起的后果。化学实验室常见中毒、灼伤、烧伤、划伤、触电、着火等安全事故，其事故应急介绍如下。

（1）误食毒性化学品的应急处理

【案例引入 5-1】化学实验室进餐死亡事件

早在 1949 年，《美国医学会杂志》曾报道了一件在实验室食用汉堡引发的惨案。1948 年 11 月 25 日，一名年轻的化学家使用五氯化磷、盐酸、乙酰氯和重氮甲烷做了一些合成反应。不久他将反应的剂量扩大了许多，重新做了一遍实验。为了节省时间，尽快完成手头工作，他在实验室里吃掉了一块汉堡当作午饭。很快，这位年仅 28 岁的化学家开始出现类似感冒和上呼吸道感染的症状，抗生素治疗亦不能缓解病情，几天后他不治身亡。当事人无论如何都想不到这块汉堡加速了他生命的消逝，尽管他在通风橱里进行实验，但仍不经意地吸入了化学气体。其中重氮甲烷具有良好的脂溶性和巨大的毒性，而他食用的那块很油腻的汉堡溶解了大量的重氮甲烷气体，无形间成为毒药的温床。这个惨痛的教训说明，实验室进餐的危险看不见、摸不着，是把杀人不见血的刀。

化学品中毒会损伤身体器官，如腐蚀性化学品会使皮肤、黏膜、眼睛、气管儿和肺受到严重损伤，铅、汞与芳香族有机物会使肝脏受到严重的损害。一般化学品对人体的危害表现为急性中毒和慢性中毒两种类型。急性中毒指短时间内受到大剂量有毒物质的侵蚀对身体造成的损害，包括窒息、麻醉作用、全身中毒、过敏和刺激作用。慢性中毒是指在不引起急性中毒的剂量条件下，有毒物质长期反复进入机体而使人出现的中毒状态或疾病状态。这种伤害通常是难以治愈的。这里介绍的应急方法是针对急性中毒事件采取的急救措施。化学实验室误食毒性化学品大多不是食用毒物，而是将食物带入实验室，被有毒化学品沾染食用而产生的中毒事件。当实验室发生误食毒性化学品中毒事件时，一般采取以下五种应急措施。

第一，降低化学品浓度或吸收化学品。饮食牛奶，打溶的鸡蛋、面粉、淀粉、土豆泥的悬浮液以及水等可降低胃中化学品的浓度，延缓毒物被人体吸收的速度并保护胃黏膜；也可在500mL蒸馏水中加入约50g活性炭，服用前再添加400mL蒸馏水，并充分摇动润湿，给中毒者分次少量吞服，一般10～15g活性炭大约可吸收1g毒物。

第二，催吐，适用于神志清醒的中毒者。用手指、筷子或者匙子按住患者喉头或舌根催吐。若不能做催吐，可在半杯水中加入15mL催吐剂，或者在80mL热水中溶解一茶匙食盐水催吐，或者用5～10mL 5%的稀硫酸铜溶液加入一杯温水后催吐，催吐后火速送往医院治疗。强酸强碱中毒者不能采用催吐法。

第三，洗胃。洗胃是常规治疗，通常根据吞服的药物选择2%碳酸氢钠溶液、生理盐水或温开水，最后加入导泻药（一般为25%～50%的硫酸镁），以促进毒物排出。

第四，倾泻。可通过口服或胃管送入大剂量的泻药，如硫酸镁、硫酸钠等而进行倾泻。

第五，吞服万能解毒剂（2份活性炭、1份氧化镁和1份丹宁酸混合而成的药剂），用时可将2～3茶匙此药剂，加入1杯水调成糊状物吞服。

（2）沾染毒性化学品的应急处理

立即脱去被污染的衣服、鞋袜等，并用大量水冲洗伤处皮肤15～30min（禁用热水），再用消毒剂洗涤伤处，涂敷能中和毒物的液体或保护性软膏。如果沾染危险化学品的地方有伤痕，需迅速清除毒物，并请求医生进行治疗。如果危险化学品能与水作用（如浓硫酸或者遇水放热的金属），应先用干布或其他能吸收液体的干性材料擦去大部分污染物，再用清水冲洗伤处或涂抹必要的药物。

（3）吸入毒性化学品的应急处理

首先保持中毒者呼吸畅通，并立即转移到有新鲜空气的地方，解开衣领和纽扣让中毒者深呼吸，对休克者进行人工呼吸。待呼吸好转后，立即送医院治疗。注意：硫化氢、氯气和溴中毒不可进行人工呼吸，一氧化碳中毒不可使用兴奋剂。

（4）化学品灼伤的应急处理

【案例引入5-2】实验室浓硫酸灼伤事件

高校某大一学生在用量筒量取浓硫酸时，因麻痹大意未戴手套，不小心使浓硫酸沾到手指，该学生记得老师开学初强调的强酸腐蚀应急知识，于是走到水池旁边，打开水龙头冲洗了数分钟，觉得无事便继续实验。数分钟过后，该学生刚才被硫酸沾染的地方出现了红肿，方才告诉老师。老师指导他继续用水冲洗了十几分钟，然后用肥皂搓洗，再冲洗干净后，涂上2%$NaHCO_3$药液才相安无事。

危险化学品灼伤时，首先应迅速解除衣物，清除皮肤上的化学药品，并迅速用大量干净的水冲洗，再用能清除该药品的溶液或药剂处理。如果灼伤创面起水疱，均不宜把水疱挑破，如有水疱出血，可涂碘伏。

① 酸灼伤：应立即用大量水冲洗或用甘油擦洗伤处，然后包扎，须根据具体情况进行处理。

a. 如果少量硫酸、盐酸、硝酸、氢溴酸、氯磺酸触及皮肤，立即用大量水冲洗10～20min，再用饱和$NaHCO_3$溶液或肥皂液洗涤。如沾有大量硫酸，则不能直接用水冲洗，而是先用干抹布抹去沾染的浓硫酸，然后用水清洗10～20min，再用饱和$NaHCO_3$溶液或稀氨水冲洗，严重时送医治疗。

b. 当皮肤被草酸灼伤，不宜使用饱和$NaHCO_3$溶液进行中和，这是因为碳酸氢钠碱性较强，会产生刺激，应当使用镁盐或钙盐进行中和。

c.氢氰酸灼伤皮肤时，先用高锰酸钾溶液冲洗，再用硫化铵溶液冲洗。

② 碱灼伤：立即用大量的水冲洗，再用乙酸溶液冲洗伤处或在灼伤处撒硼酸粉，不同碱灼伤处理方法有一定差异。

a.氢氧化钠或者氢氧化钾灼伤皮肤，先用大量水冲洗15min，再用1%硼酸溶液或2%乙酸溶液浸洗，最后用清水洗，必要时洗完以后加以包扎。

b.当皮肤被生石灰灼伤时，则先用油脂类的物质除去生石灰，再用水进行清洗。

③ 三氧化磷、三溴化磷、五氧化磷、五溴化磷等灼伤：立即用清水冲洗15min，再送医院治疗。受白磷腐蚀时，立即用1%硝酸银或2%硫酸铜溶液或浓的高锰酸钾溶液擦洗，然后用2%硫酸铜溶液润湿过的绷带覆盖在伤处，最后包扎。

④ 溴灼伤：溴灼伤是很危险的，被溴灼伤后的伤口一般不易愈合。当皮肤被溴液灼伤时，应立即用2%硫代硫酸钠溶液冲洗至伤处呈白色，再用大量水冲洗干净，包上纱布就诊；或者先用酒精冲洗，再涂上甘油；或直接用水冲洗后，用25%氨水、松节油、95%酒精（1∶1∶10）的混合液涂敷。碘触及皮肤时，可用淀粉物质如土豆涂擦，减轻疼痛，也能褪色。

⑤ 酚类化合物灼伤：先用酒精洗涤，再涂上甘油。例如苯酚沾染皮肤时，先用大量水冲洗，然后用70%乙醇和1mol/L氧化镁（4∶1）的混合液擦洗。

⑥ 碱金属灼伤：立即用镊子移走可见的碱金属块，然后用酒精擦洗，再用清水冲洗，最后涂上烫伤膏。碱金属氰化物灼伤皮肤处理方法与氢氰酸灼伤类似，先用高锰酸钾溶液冲洗，再用硫化铵溶液冲洗。

⑦ 氢氟酸或氟化物灼伤：先用水清洗，再用5%的$NaHCO_3$溶液冲洗，最后用甘油和氧化镁（配比为2∶1）糊剂涂敷，或者用冰冷的硫酸镁溶液冲洗，也可涂松油膏。

⑧ 铬酸、重铬酸钾以及6价铬化合物灼伤：用5%硫代硫酸钠溶液清洗受污染的皮肤，还可用大量水冲洗，再用硫化铵的稀溶液冲洗。

⑨ 磷灼伤：一是要在水的冲淋下仔细清除磷粒，二是要用1%硫酸铜溶液冲洗，三是要用大量生理盐水或清水冲洗，四是用2%碳酸氢钠溶液湿敷，切忌暴露或用油脂敷料包扎。

⑩ 硫酸二甲酯灼伤：用大量水冲洗，再用5%的$NaHCO_3$冲洗，不能涂油，不能包扎，应暴露伤处让其挥发，等待就医。

（5）化学品进入眼睛的应急处理

当有化学品进入眼睛时，应立即提起眼睑，使毒物随泪水流出，使用洗眼器（图5-4）用大量流动清水彻底冲洗，冲洗时要边冲洗边转动眼球，使结膜内的化学物质彻底洗出，冲洗20～30min，如若没有冲洗设备或无他人协助冲洗时，可将头浸入脸盆或水桶中，浸泡十几分钟，可达到冲洗目的。注意：一些毒物会与水发生反应，如生石灰、电石等，若眼睛沾染此类物质则应先用沾有植物油的棉签或干毛巾擦去毒物，再用水冲洗；冲洗时忌用热水，

图5-4

以免增加毒物吸收；切记不可使用化学解毒剂处理眼睛。冲洗完毕涂抹适量的眼部护理液，将伤者送往医院救治。

5.3.2 烧伤应急处理

实验室若有烧伤，依烧伤情况分别进行应急处理。若是轻度烧伤，可用冷水冲洗 15～30min，再以生理盐水擦拭，勿用药膏、牙膏涂抹，切勿刺破水疱。若是重度烧伤则应送医院就医。

5.3.3 冻伤应急处理

迅速脱离低温环境和冰冻物体，把冻伤部位放入 40℃（不要超过此温度）的热水中浸 20～30min。冻伤时，不可做运动或用雪、冰水等进行摩擦取暖。冻伤情况严重者，在对冻伤部位做复温的同时尽快就医。

5.3.4 玻璃仪器划伤应急处理

【案例引入5-3】玻璃仪器划伤应急处理

某高校化学实验室没有将碎玻璃仪器单独回收，而是与普通垃圾混在一起倒入垃圾桶。由于普通垃圾中混有大量的废纸和废弃手套，将玻璃碎渣掩盖，清洁人员不知情像往常一样清理垃圾被划伤，送往医院处置才将血止住。

化学实验室玻璃仪器使用种类与数量繁多，若遇玻璃仪器破碎划伤身体事件，首先要进行止血，以防大量流血引起休克。原则上可直接压迫损伤部位进行止血，即使损伤动脉，也可用手指或纱布直接压迫损伤部位即可止血。玻璃仪器伤害一般有以下三种情况。

① 由玻璃片或玻璃管造成的外伤：首先必须检查伤口内有无玻璃碎片，以防压迫止血时将碎玻璃片压深。若有碎片，应先用消过毒的镊子小心地将玻璃碎片取出，再用消毒棉花和硼酸溶液或双氧水洗净伤口，再涂上红药水或碘伏（两者不能同时使用）并用消毒纱布包扎好。若伤口太深，流血不止，则让伤者平卧，抬高出血部位，压住附近动脉，并在伤口上方约 10cm 处用纱布扎紧，压迫止血，并立即送医院治疗。

② 由沾有化学品的碎玻璃片或管刺伤：应立即挤出污血，以尽可能将化学品清除干净，以免中毒。用清水洗净伤口，涂上碘伏后包扎。如化学品毒性大则应立即送医治疗。被带有化学品的注射器针头刺伤进行同样处置。

③ 玻璃碎屑进入眼睛造成的伤害：玻璃碎屑进入眼内绝不能用手搓揉，尽量不要转动眼球，可任其流泪。有时碎屑会随泪水流出。严重时，用纱布包住眼睛，将伤者紧急送医治疗。

5.3.5 机械性损伤的应急处理

实验室常发生的机械性损伤事故一般包括：割伤、刺伤、挫伤、撕裂伤、撞伤、砸伤、扭伤等。对于轻伤，处理的关键是清创、止血、防感染。当伤势较重，出现呼吸骤停、窒息、大出血、开放性或张力性气胸、休克等危及生命的紧急情况时，应及时实施心肺复苏、控制出血、包扎伤口、骨折固定等。

(1) 轻伤处置

① 立即关闭运转机械，保护现场，向应急小组汇报。
② 对伤者同时实施消毒、止血、包扎、止痛等临时救治措施。
③ 尽快将伤者送医院进行防感染和防破伤风处理，或根据医嘱作进一步检查。

(2) 重伤处置

① 立即关闭运转机械，保护现场，及时向现场应急指挥小组及有关部门汇报，应急指挥部门接到事故报告后，迅速赶赴事故现场，组织事故抢救。
② 对伤者进行包扎、止血、止痛、消毒、固定等临时措施，防止伤情恶化。如伤者有断肢等情况，及时用干净毛巾、手绢、布片包好，放在无裂纹的塑料袋或胶皮袋内，袋口扎紧，在口袋周围放置冰块、雪糕等降温物品，不得在断肢处涂酒精、碘酒及其他消毒液。
③ 迅速拨打120求救或送附近医院急救，断肢随伤员一起运送。

5.3.6 触电应急处理

触电事故有两个特点：一是无预兆，瞬间即可发生；二是危险性大，致死率高。一旦发生触电事故，不要慌乱，一定要冷静正确处理。触电事故应急处理原则：动作迅速，方法得当。

(1) 迅速让触电者脱离电源

人体触电后，很可能由于痉挛或昏迷紧紧握住带电体，此时应立即切断电源。如果电闸不在事故现场附近，立即用绝缘物体将带电导线从触电者身上移开，使触电者迅速脱离电源（图5-5）。要特别注意：未采取绝缘措施前，救助者不可徒手拉触电者，以防自己被电流击倒。

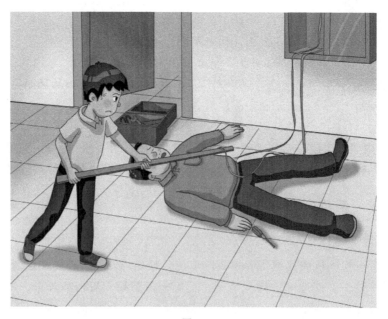

彩图

图 5-5

(2) 根据触电者伤情紧急施救

一般人触电后，会出现神经麻痹、呼吸中断、心脏停止跳动等征象，外表上呈现昏迷不醒的状态，但这不是死亡，所以应立即就地坚持正确抢救。如果触电者脱离电源后神志清醒，应使其就地躺平，严密观察；如果触电者神志不清，应就地仰面躺平，呼叫伤员或轻拍其肩部，以判定伤员是否意识丧失；如触电者无知觉，有呼吸和心跳，在请医生的同时应施行人工呼吸；如触电者呼吸停止，但心跳尚存，应施行人工呼吸；如心跳停止，呼吸尚存，应采取胸外心脏按压法；如呼吸、心跳均停止，则须同时采用人工呼吸法和胸外心脏按压法进行抢救。

5.3.7 爆炸事故的应急处理

① 实验室爆炸发生时，实验室负责人或安全员在其认为安全的情况下必须及时切断电源和管道阀门，避免爆炸事故进一步扩大。

② 所有人员（上课教师和学生）应听从临时召集人的安排，有组织地通过安全出口或用其他方法迅速撤离爆炸现场。

③ 应急预案领导小组负责安排抢救工作和人员安置工作。

5.3.8 放射性事故的应急处理

实验室若遇到放射源跌落、封装破裂等意外事故，应及时关闭门窗和所有的通风系统，立即向单位领导和上级有关部门报告。

启动应急响应，通知邻近工作人员迅速离开，严密管制现场，严禁无关人员进入，控制事故影响的区域，减少和控制事故的危害和影响。

5.3.9 火灾事故应急处理

① 发现火情，立即采取措施处理，防止火势蔓延并迅速报告。

② 确定火灾发生的位置，判断出火灾发生的原因，如压缩气体、液化气体、易燃液体、易燃物品、自燃物品等。

③ 明确火灾周围环境，判断出是否有重大危险源分布及是否会带来次生灾难。

④ 明确救灾的基本方法，采用适当消防器材进行扑救。对木材、布料、纸张、橡胶以及塑料等的固体可燃材料的火灾，可采用水冷却法，但对资料、档案应使用二氧化碳、干粉灭火器灭火。易燃可燃液体、易燃气体和油脂类等化学药品火灾，使用大剂量泡沫灭火器、干粉灭火器将液体火灾扑灭。带电电气设备火灾，应切断电源后再灭火，因现场情况及其他原因，不能断电，需要带电灭火时，应使用沙子或干粉灭火器，不能使用泡沫灭火器或水。可燃金属，如镁、钠、钾及其合金等火灾，应用特殊的灭火剂，如干沙或干粉灭火器等来灭火。灭火器操作流程见图 5-6。

⑤ 依据可能发生的危险化学品事故类别、危害程度级别，划定危险区，对事故现场周边区域进行隔离和疏导。

⑥ 视火情拨打"119"报警求救，并到明显位置引导消防车到达火场。

提至火场；拔出保险销

压按压把；握提喷管

站在火源上风口，距燃烧物3~5m左右喷射火焰根部

图 5-6

5.3.10 剧毒化学药品丢失应急处理

① 当有人发现剧毒化学药品丢失时，应立即向实验室负责人报告。

② 实验室负责人得知情况后，首先要及时向实验室安全事故应急小组、院分管领导等汇报现场药品丢失情况，并安排至少两名专业人员留守现场，保护好现场，直至公安部门人员和保卫人员到达现场。

③ 实验室负责人向各级领导汇报情况完毕后，立即组织通知实验室安全员及相关实验员在半小时内到达现场。

④ 实验室安全员及相关实验员到达现场后，应在实验室安全事故应急小组办公室集合，不得离开，等待相关部门领导调查问询。

⑤ 相关部门领导全部到达现场后，实验室负责人与公安部门人员立即对实验室配备钥匙人员进行调查，了解实验室钥匙是否有丢失、被他人使用或复制现象。

⑥ 实验室负责人、实验室安全员对近期实验室人员出入、药品使用等情况立即进行详细检查，对实验室相关人员进行询问调查，了解掌握实际情况。

⑦ 实验室负责人、实验室安全员在人员询问调查完毕后，立即对实验室所有药品进行

一次盘查，确认其他药品有无丢失现象。如有丢失现象，还需进一步进行深入调查。

⑧ 根据各方面线索对丢失药品流向做出判断，在最短时间内将丢失剧毒药品追回。

⑨ 整个事件处理完毕后，实验室负责人在 24h 内，以书面形式上报实验室安全事故的全过程及采取的专业防范措施。

5.3.11 危险化学品泄漏事故应急处理

① 实验室内发生化学品泄漏事故时，当事人或在场人员立即拨打有关电话报警和联系实验室负责人、实验室安全员，简要报告事故地点、类别和状况。

② 及时组织现场人员迅速撤离，同时设置警戒区，对泄漏区域进行隔离，严格控制人员进入。

③ 控制危险化学品泄漏的扩散，在事故发生区域内严禁火种，严禁开关电闸和使用手机等。

④ 进入事故现场抢险救灾人员需佩戴必要的防护用品，视化学品的性质、泄漏量大小及现场情况，分别采取相应的处理手段。发生少量液体化学品泄漏时，可迅速用不同的物质和方法进行处理，防止泄漏物发生更大的反应，造成更大的危害。

⑤ 如有伤者，要及时拨打 120 急救电话或及时送医院救治。如有实验人员受伤，要及时通知安全事故应急小组工作的领导。

5.4 实验室急救技术基础

急救即紧急救治的意思，是指当有任何意外或急病发生时，施救者在医护人员到达前，按医学护理的原则，利用现场适用物资临时及适当地为伤病者进行的初步救援及护理，然后从速送院治疗。

5.4.1 休克昏迷处理技术

休克是因为机体遭受强烈的致病因素后，由于有效循环血量锐减，机体失去代偿，组织缺血缺氧，神经体液因子失调的一种临床症候群。休克可引发心力衰竭、急性肝肾功能衰竭、脑功能障碍等并发症，按病因可分为：失血性、烧伤性、创伤性、感染性、过敏性、心源性和神经源性。

当伤者有头晕、口渴、呕吐、面色灰白、脉搏加快、呼吸微弱等症状，可以认为其有休克的可能性，应给予适当的处理。让伤者平躺在地或床上，下肢应略抬高，以利于静脉血回流。如果有呼吸困难可将头部和躯干抬高一点，以利于呼吸。将颈部衣服松解，用被单等包裹身体，对伴发热的感染性休克伤者应给予降温。保持冷静，喂伤者适量流体，如温热的甜茶、稀盐水，注意不可强行灌入液体。如果在喂水过程中伤者呼吸微弱甚至停止时，应立即拨打救助电话，在等待医护人员到来的过程中应密切观察受伤者状态，进行心肺复苏，如出血则应进行快速止血。对待有休克危险的伤者应注意保持呼吸道畅通，密切观察伤者的呼吸形态、动脉血气，了解缺氧程度，减轻组织缺氧状况。对于休克晚期和严重呼吸困难的伤者可做气管插管或气管切开，并及早使用呼吸机辅助呼吸。

加强心理护理，休克时机体产生应激心理，伤者有种濒死感，出现焦虑、恐惧和依赖心理，因而在抢救伤者时态度要温和，忙而不乱，沉着冷静，处理快速果断，技术熟练，同时要劝告陪同人员不要惊慌，以减轻伤者的紧张恐惧情绪。如果休克伤者有意识存在，在护理时应给予精神上和机体上的关心与体贴，使伤者产生安全感，从而帮助伤者树立起战胜疾病的信心。在现场急救处理完毕后及时送进医院治疗。

5.4.2 心肺复苏处理技术

(1) 心肺复苏术原理

心肺复苏术是指当呼吸停止和心跳停顿时合并使用人工呼吸及心外按压来进行急救的一种技术。空气中含约80%的氮气、20%的氧气（其中包括微量的其他气体），而经由人体呼吸再呼出的空气成分中氮气仍占约80%，氧气却降低为16%，二氧化碳占了4%，经由正常呼吸所呼出的气体中氧的含量仍能够满足心肺的供氧要求。实施口对口人工呼吸是借助急救者吹气的力量，使气体被动吹入肺泡，通过肺的间歇性膨胀，以达到维持肺泡通气和氧合作用，从而减轻组织缺氧和二氧化碳累积。利用人工呼吸，吹送空气进入患者肺腔，再配合心外按压，促使血液从肺部交换氧气再循环到脑部及全身，以维持脑细胞及器官组织的存活。这便是心肺复苏术的原理。溺水、心脏病、高血压、车祸、触电、药物中毒、气体中毒、异物堵塞呼吸道等导致呼吸终止和心跳停顿，在医疗救护到达前都需要利用心肺复苏术以保障脑细胞及器官组织不致坏死。

(2) 心肺复苏术操作流程

第一步：评估意识。轻拍患者双肩、在双耳边呼唤，禁止摇动患者头部损伤颈椎。如果患者对呼唤、疼痛和刺激有反应，要继续观察；如果没有反应则为昏迷，进行下一个流程[图5-7(a)]。

第二步：高声求救。高声呼叫"快来人啊，有人晕倒了"，接着拨打120急救电话，说明情况后立即进行心肺复苏术[图5-7(b)]。

第三步：判断是否有颈动脉搏动。用右手的中指和食指从气管正中环状软骨划向近侧颈动脉搏动处，判断有无搏动[图5-7(c)]。

第四步：畅通呼吸道。取出口内异物，清除分泌物。用一手推前额使头部尽量后仰，同时另一只手将下颌向上抬起。注意：不要压到喉部及颏下软组织[图5-7(d)]。

第五步：心脏按压。心脏按压部位为胸部正中央、两乳头连线中点。胸外心脏按压时，施术者双肘伸直，借身体和上臂的力量，向脊柱方向按压，使胸廓下陷3.5~5cm，然后迅即放松，解除压力，让胸廓自行复位，使心脏舒张，如此有节奏地反复进行。按压与放松的时间大致相等，放松时掌根部不得离开按压部位，以防位置移动，但放松应充分，以利血液回流。按压频率一般每分钟100次左右[图5-7(e)]。

第六步：人工呼吸。通过观察判断患者是否还有呼吸，如果没有呼吸，立即给予人工呼吸。用拇指轻牵下唇，使患者口微微张开，然后深吸一口气，用力向患者口中吹气[图5-7(f)]，同时用眼角注视患者的胸廓，胸廓膨起为有效。待胸廓下降，吹第二口气。口对口吹气量不宜过大，一般每次送气400~600mL，频率10~12次/min。以心脏按压：人工呼吸=30:2的比例进行，操作5个周期。吹气时间不宜过长，过长会引起急性胃扩张、胃胀气和呕吐。心肺复苏的流程如（图5-7）所示。

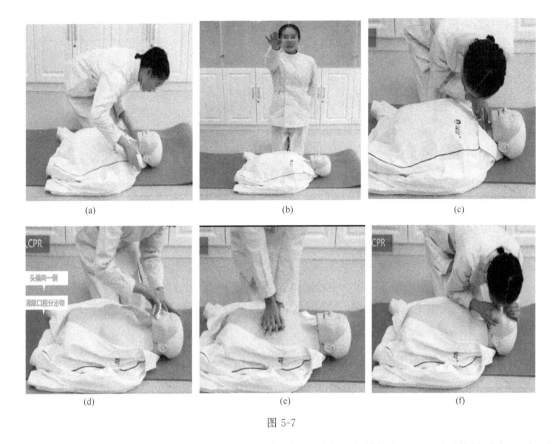

图 5-7

一般来说，现场的心肺复苏除非看到患者呼吸和循环有效恢复，否则要持续进行，直到急救医护人员接手承担复苏。

5.4.3 止血与包扎处理技术

(1) 压迫止血方法

不同损伤程度的出血采用的止血方法不同。机体出血分外出血和内出血两种。外出血根据血管损伤的类型可分为动脉出血、静脉出血和毛细血管出血。动脉出血：鲜红色，喷射或冒出，量多，可危及生命。静脉出血：暗红色，慢慢涌出或徐徐流出，量中等，不危及生命。毛细血管出血：量少，点滴而出或缓慢渗出，危险性小。外出血一般采用压迫止血法进行应急处理（图5-8）。常见的压迫止血法有直接压迫法、间接压迫法和指压止血法。直接压迫法直接压迫出血部位，用于一般性出血；间接压迫法适用于伤口有异物的出血；指压止血法适用于急救处理较急剧的动脉出血。如果手头一时无包扎材料和止血带时，或运送途中放止血带的间隔时间，可用此法。指压止血法操作简便，能迅速有效地达到止血目的，缺点是要事先了解正确的压迫点才能见效，而且止血不易持久，应随即采用其他止血法。

(2) 包扎止血方法

① 环形包扎法：常用于肢体较小部位的包扎，或用于其他包扎法的开始和终结。包扎时打开绷带卷，把绷带斜放伤肢上，用手压住，将细带绕肢体包扎一周后，再将带头和一个小角反折过来，然后继续绕圈包扎，第二圈盖住第一圈，包扎4～5圈即可（图5-9）。

② 回返包扎法：用于头部、肢体末端或断肢部位的包扎（图5-10）。

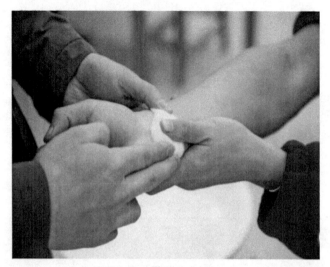

图 5-8

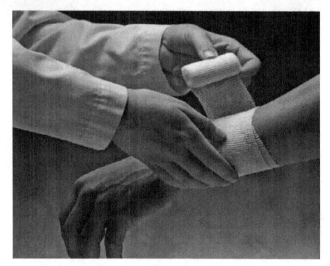

图 5-9

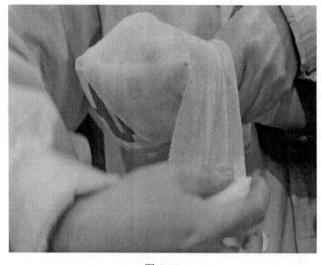

图 5-10

③ "8"字包扎法：多用于关节部位的包扎。在关节上方开始做环形包扎数圈，然后将绷带斜行缠绕，一圈在关节下缠绕，两圈在关节凹面交叉，反复进行，每圈压过前一圈一半或1/3（图5-11）。

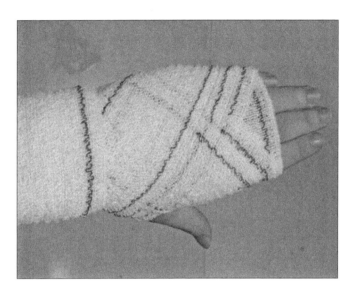

图 5-11

④ 螺旋包扎法：绷带卷斜行缠绕，每卷压着前面的一半或1/3，此法多用于肢体粗细差别不大的部位（图5-12）。

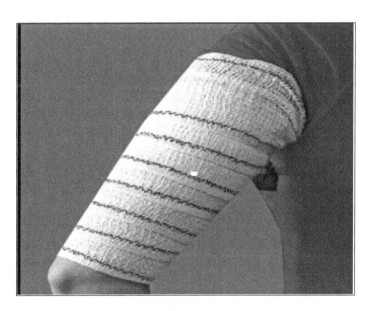

图 5-12

⑤ 反折螺旋包扎法：做螺旋包扎时，用大拇指压住绷带上方，将其反折向下，压住前一圈的一半或1/3，多用于肢体粗细相差较大的部位（图5-13）。

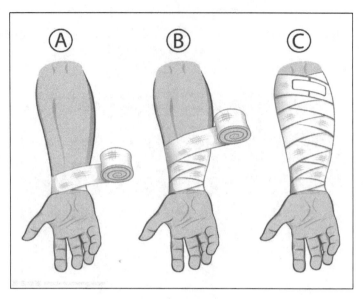

图 5-13

值得注意的是,很多学生很难在短期内掌握急救方法,发生人身伤害时,应该在实验教师的指导下进行急救。

第 6 章

高校实验室典型安全案例警示与分析

高校实验室是高校进行实验教学和科学研究的重要基地,是对学生实施综合素质教育,培养学生实验技能、知识创新和科技创新能力的平台,具有数量多、分布广、任务重、仪器设备和材料种类繁多等特点。由于实验室潜在大量安全隐患与复杂风险,稍有不慎则易发生安全事故,造成人员伤亡和巨大经济损失。因此,了解安全事故,从安全事故中得到警示,培养正确的实验室安全理念,是提高实验室安全管理水平、师生安全防护能力以及创建"平安校园"的前提保障。

6.1 高校实验室典型安全案例警示介绍

6.1.1 高校实验室危险化学品燃爆事件

(1) 事故介绍

2015年12月,某大学化学实验室发生爆炸起火(图6-1),致一博士后研究人员当场死亡。事故发生时共有三间房屋起火,过火面积 $80m^2$。遇难博士后年仅31岁,家中长子,马上就要毕业了,人却走了……

图 6-1

(2) 原因分析

直接原因:事发实验室储存的危险化学品叔丁基锂燃烧发生火灾,引起存放在实验室的氢气气瓶在火灾中发生爆炸。间接原因：实验室违规存放危险化学品，违规使用易燃、易爆压力气瓶，没有落实实验室安全管理制度，学生安全意识淡薄。

（3）安全警示

强化师生安全意识，牢固树立"安全第一，以人为本，关爱生命"的安全理念，坚决杜绝违规开展实验、冒险作业；严格落实实验室安全管理制度，实验室安全管理要管到位，管到实验的每个细节。

6.1.2 高校实验室气体钢瓶爆炸事件

（1）事故介绍

2015 年 4 月，某大学化工学院实验室一个气体钢瓶发生爆燃，造成在场 1 名硕士研究生当场死亡，4 人受伤。其中 1 人重伤截肢，3 人耳膜穿孔，直接经济损失达 200 多万元。

（2）原因分析

事故直接原因：事故实验室承担了一个横向课题合作项目，在实验过程中，由于操作实验人员违规配制试验用气，开启气体钢瓶阀门时，里面的易燃气体含量达到爆炸极限导致瓶内气体爆炸。间接原因：实验室违规存放危险化学品，违规使用易燃、易爆压力气瓶，没有落实实验室安全管理制度，学生安全意识淡薄。

（3）安全警示

实验室相关人员安全意识淡薄，违规配制实验用气与操作。应加强实验室安全培训与安全管理工作，提高实验室安全意识和安全理念，在实验室安全制度面前人人平等对待。

6.1.3 高校实验室违规操作爆炸事件

（1）事故介绍

2016 年 9 月，某大学合成实验室 3 名研究生在进行氧化石墨烯制备实验时，违规向混合了 750mL 浓硫酸和石墨烯的敞口大锥形瓶中放入高锰酸钾时发生爆炸（图 6-2），造成 2 名学生重伤和 1 名学生轻伤。其中受轻伤的一名学生经治疗后复学；一名重伤学生身体和眼部受到重创；另 1 名学生身体数处被玻璃划伤，双目失明，失去工作。

图 6-2

（2）原因分析

实验学生安全意识淡薄，对实验风险没有正确的认识与评估；不熟悉实验流程且不清楚化学品反应常识，在实验温度超限（标准 5℃）时加入高锰酸钾引发爆炸；缺乏防护用品，存在管理缺陷，实验操作时只找到一双塑胶手套，至于护目镜等防护装备，学生没见过也没听导师说过要戴，导致两名学生眼睛受到重创；缺乏应急响应计划及应急物品，实验室没有冲淋装置，发生事故无法用清水冲洗眼睛。

（3）安全警示

① 树立实验室安全意识与理念，严格遵守实验操作规程；② 进行危险化学品的实验操作要佩戴相应的防护用品，如防护手套、护目镜等防护装备；③ 杜绝安全教育和管理缺陷，制定应急响应计划，配备应急物品如配套紧急冲淋装置和洗眼器等。

6.1.4 高校实验室废液暂存处火灾事件

（1）事故介绍

2016 年 8 月，某大学化学实验废液暂存处突发火灾，浓烟滚滚（图 6-3）。消防救援人员及时赶到，全力灭火。火灾导致化学实验废液暂存处烧毁，造成一段时间内教学与科研实验室产生的废液没有地方可以安全存放。火灾后无人员伤亡，学校受到相关部门处罚。

图 6-3

（2）原因分析

实验室废液收集人员误操作，将具有相斥性的废液混合引起火灾；废液暂存处不具备完善的消防设施，导致火势无法控制；操作人员未经过专业培训和应急演练，导致火势蔓延。

（3）安全警示

① 加强实验室安全管理理论及实操培训，持证上岗；② 每年定期举行事故应急演练及针对新进人员的演练培训；③ 整改消防及报警设施和采购实验室废弃物专用暂存柜。

6.1.5 2017 年某高校网络数据中心火灾事故

（1）事故介绍

2017 年 4 月，北京某高校网络数据中心突发火灾，导致北京地区多所高校网络中断，校园网无法使用，直至第二天才恢复运行（图 6-4）。

（2）原因分析

事故网络中心设备 UPS 电池组故障所致。

（3）安全警示

UPS 应尽量远离重要设备设施，避免 UPS 火灾引燃重要设备设施；不要超负载运行，

图 6-4

UPS 电源里面的蓄电池作为 UPS 电源里面的核心元件要定期维护保养，以延长 UPS 电源的使用寿命，减少故障率；要定期人为中断供电，使 UPS 电源带负载放电，避免 UPS 蓄电池处于虚充状态发生安全事故；工作人员要增强责任意识和安全意识，发现火情第一时间处理，避免造成更大的损失。

6.1.6 高校实验室违规操作爆炸事件

（1）事故介绍

2017 年 3 月，某大学实验室发生爆炸，造成一名 20 岁男性本科生左手大面积创伤，右臂骨折。救护车及时到达事故现场，将该名学生送往医院救治。

（2）事故原因

受伤学生为该校化学系三年级本科生，在处理一个约 100mL 反应釜的过程中，一名学生违规将酒精放入了盛纯净水的洗瓶中，导致另一名学生误用引发反应釜爆炸。

（3）安全警示

实验学生因安全理念缺失导致违规操作，将酒精放入盛纯净水的洗瓶中，既没有通知周围实验人员，也没有做好安全标识，让另一名操作的学生误用，引发反应釜爆炸而受到重大伤害。事故原因调查清楚后，学校对相关责任人员进行严肃处理，对实验室安全管理工作进行全面整顿，要求本科生进入实验室工作前课题组应加强安全教育，在导师或研究生指导下开展科研工作。

6.1.7 高校实验室信息被盗事件

（1）事故介绍

2018 年 1 月，高校计算机系统出现史上最大 CPU 漏洞，漏洞允许黑客窃取计算机的全部内存内容，包括移动设备、个人计算机以及在所谓的云计算机网络中运行的服务器，使几乎全球所有的计算机设备都受到影响。

（2）原因分析

窃取计算机的全部内存内容的英特尔 CPU 漏洞。

（3）安全警示

窃取计算机内存内容将引发重大信息安全事故与经济损失，因此高校要提高信息安全意识,做好实验室和学校的信息安全工作,保证教学和科研成果安全,保障师生、学校和国家的安全利益。

6.1.8 高校科研实验室违规作业爆炸事件

(1) 事故介绍

2018年12月,某大学实验室在进行垃圾渗滤液污水处理科研试验期间发生爆炸,继而引发镁粉粉尘云爆炸,造成现场2名博士和1名硕士死亡(图6-5)。

图 6-5

(2) 原因分析

本事故属于安全责任事故,事故直接原因是在实验中学生使用搅拌机对镁粉和磷酸搅拌,反应过程中,料斗内产生的氢气被搅拌机转轴处金属摩擦、碰撞产生的火花点燃爆炸,继而引发镁粉粉尘云爆炸。爆炸引起周边镁粉和其他可燃物燃烧,造成现场3名学生当场死亡。事故间接原因是实验室存在违规开展试验、冒险作业,违规购买储存危险化学品,对实验室和科研项目安全管理不到位等问题。

(3) 安全警示

一是加强实验室安全意识和安全理念教育,全面排查学校各类安全隐患和安全管理薄弱环节,加强实验室、科研项目和危险化学品的监督检查,采取有针对性的整改措施,着力解决当前存在的突出问题。二是全方位加强实验室安全管理,完善实验室管理制度,实现分级分类管理,加大实验室基础建设投入;明确实验室安全责任体系,实验室安全需要党政同责,一岗双责,齐抓共管,失职追责。

6.1.9 高校实验室违规操作引发爆炸致30余名学生受伤

(1) 事故介绍

2018年11月,某大学一实验室在实验过程中发生爆燃。事故发生时,老师正在实验室带领30多个学生做乙醇萃取中试实验,由于实验过程中系统有一个阀门没有及时打开,导致管道内压力不断增大,造成高温乙醇从管道内泄出,遇火爆燃。强烈的冲击波将实验室大门炸飞，玻璃碴到处都是，现场30多个师生被烫伤、烧伤和划伤，其中8个学生重伤，烫伤烧伤面积达90%。

（2）原因分析

① 指导教师安全意识淡薄，对实验风险没有清晰的认识和评估，没有发现学生违规操作而提前将安全隐患排除于萌芽之时；② 实验学生不熟悉实验流程，对实验风险没有正确认识而盲目跟从，持续违规作业导致现场所有实验人员均被烧伤、划伤的重大安全事故；③ 对易燃易爆炸的危险性实验没有采取安全防护措施和应急措施，导致事故发生时措手不及，给自己和他人造成难以挽回的损失与遗憾。

（3）安全警示

① 指导教师与实验学生没有安全红线意识，缺乏科学规范的安全理念；② 实验室工作人员缺乏系统的安全培训学习，不懂得对危险性实验要进行安全预测分析、安全风险评估，尤其对易燃易爆的危险化学品实验要进行 MSDS 查询，以对实验操作过程风险进行防范和应对；③ 应加强实验室安全设施建设，提高实验安全防范与安全应急处置能力。

6.1.10 高校实验室 RPC 接口典型安全事故

（1）事故介绍

2018年3月20日，慢雾区和区块链安全实验室（blockchain security lab）揭秘了以太坊黑色情人节事件（以太坊偷渡漏洞）相关攻击细节：这是一起自动化盗币的攻击行为，攻击者利用以太坊节点 Geth/Parity RPC API 鉴权缺陷（RPC：一种计算机协议，以太坊 RPC 结点是以太坊与其他系统交互的窗口），恶意调用 eth_sendTransaction 盗取代币，单被盗的且还未转出以太币价值就高达时价2千万美元，还有代币种类164种，总价值难以估计。2018年8月1日，知道创宇404实验室在前者的基础上结合蜜罐数据，补充了后偷渡时代多种利用以太坊 RPC 接口盗币的利用方式：离线攻击、重放攻击和爆破攻击。2018年8月20日，知道创宇404实验室再次补充了一种攻击形式："拾荒攻击"。RPC 接口并非以太坊独创，其在区块链项目中多有应用。2018年12月1日，腾讯安全联合实验室对 NEO RPC 接口安全问题提出预警。区块链项目 RPC 接口在方便交易的同时，也带来了极大的安全隐患。

（2）原因分析

区块链项目 RPC 接口操作安全隐患。

（3）安全警示

加强计算机系统管理，避免重大信息安全事故与经济损失。

6.1.11 高校实验室凌晨电路着火事件

（1）事故介绍

2019年2月凌晨，某大学教学楼内一实验室发生火灾（图6-6），学校报警后119、110迅速到场。因为火势蔓延迅速，整栋大楼几乎都浓烟滚滚，9辆消防车、43名消防员到达现场，用水枪喷射明火并且降温，最终大火被扑灭。教学楼外墙面被熏黑，窗户破碎，警方及学校保卫部门封闭现场。火灾烧毁3楼热处理实验室内办公物品，并通过外延通风管道引燃5楼顶风机及杂物。当时没有人在大楼里，没有人员受伤，但整个教学楼已成一片废墟。

图 6-6

（2）事故原因

事故直接原因是夜间实验室未关闭电源，导致电路着火引发火灾；间接原因是学校安全管理不到位，师生安全意识淡薄。

（3）安全警示

尽管在该火灾事故中无人员伤亡，但被烧实验楼的废墟和造成的巨大经济损失令相关人员感叹失落。学校应加强安全教育培训，让所有进入实验室工作的相关人员都能树立牢固的安全意识，明确安全责任体系；同时加强实验室安全监督检查，离开实验室前要检查实验室水电门窗是否关好。

6.1.12 高校实验室垃圾桶失火事件

（1）事故介绍

2019年11月6日凌晨，某大学实验室发生火灾，其市119指挥中心接警后，出动5辆消防车、28名消防员迅速赴现场处置，将火扑灭，无人员伤亡。

（2）原因分析

直接原因：实验室塑料垃圾桶内实验用废弃物慢反应导致火灾。间接原因：学生平时应急演练培训不到位，错失最佳救援时机使火势自然蔓延扩大引发大型火灾。

（3）安全警示

实验室废弃物应分类收集处理，对于沾染易燃等危险化学品的废弃物要单独收集、储存与处置；学校加强安全整改力度，集中采购金属带盖防火垃圾桶。

6.1.13 高校实验室电子元件老化着火事件

（1）事故介绍

2020年8月9日，某大学组培室发生火灾，造成组培室的组培架烧毁，没有出现人员伤亡损失（图6-7）。

(2) 原因分析

直接原因：一是培养室线路及电子元器件老化起火，二是培养室组培架及过道上存放了大量报纸、泡沫、塑料垫、纸箱等可燃物。间接原因：实验室安全管理不到位，主要体现在没有经常性开展实验室日常安全检查，未对实验室安全设备设施进行定期检修和维护。

(3) 安全警示

① 提高实验室工作人员的安全意识，加强对设备、水电等定期检查维修，确保实验室无安全隐患；②加强对实验室内部消防通道、重点位置的安全管理，禁止占用消防通道，危险区域禁止堆放可燃性物品。

图 6-7

6.1.14 高校实验室废弃物处理安全事件

(1) 事故介绍

2021年7月，某大学实验室清理此前毕业生遗留在烧瓶内的未知白色固体，一博士生用水冲洗时发生炸裂。炸裂产生的玻璃碎片刺穿该生手臂动脉血管。随后，该生被送到医院救治，伤情得到控制，无生命危险。

(2) 原因分析

事故原因分析：①该博士生安全理念微弱，对不明废弃物缺乏安全认知，没有按照危险废物对待贸然处理而受伤；②该博士生安全防范理念不够，没有做好相应的安全防护措施而直接处理危险化学废弃物；③实验室安全责任体系不明确，实验操作完毕，指导教师应指导实验学生将化学废弃物进行分类收集，做好安全标识统一回收储存，交由学校统一进行安全处理；④实验室安全管理不到位，实验室管理教师平时安全检查不够，没有将安全隐患及时检出并排除；⑤学校安全监督管理不到位，毕业生在离校之前应将所有危险化学品交接清楚。

(3) 安全警示与整改措施

① 加强危险化学品的专项管理，危险化学品使用前后标签必须清晰；②危险化学废弃物要进行分类收集、标识和回收，最后交由学校统一进行安全处置；③对标签不明确的化学试剂按照危险化学品对待，严禁私自处置危险化学品；④严禁在未做好个人实验防护前提下开展实验和处置危险化学废弃物；⑤所有毕业生及离校人员在离校之前将所有经手的化学品交接清楚。

6.1.15 高校实验室平安事故典型案例

(1) 事故介绍

某大学一位女生在机械加工实验室车床上实习时,因为中途外出开会回来时没有戴平安帽,在实习操作过程中一根辫子不慎被车床丝杠搅了进去,当即惊慌失措,出于本能用右手紧紧抓住辫子拼命叫喊。不远处指导老师眼疾手快,及时拉下电闸,才未酿成大事。但由于丝杠旋转的惯性,该同学的头皮还是受了伤。

(2) 原因分析

该女生因存在幸运心理,没有遵守安全操作规程戴好平安帽,在操作时一不当心让辫子靠近旋转的丝杠而被卷进受伤。庆幸的是指导老师听到学生叫喊及时拉下电闸阻止了事故恶化,否则该名女生将会受到重伤。

(3) 安全启示

① 树立科学规范的实验室安全意识,明确四不伤害安全理念;② 加强安全教育培训,掌握实验室安全基本技能;③ 了解实验室危险源头,识别安全隐患;④ 预估实验操作危险,做好安全防护与应急,即使发生安全事故也能将危险化解至最小。

6.1.16 高校实习相关企业闪蒸事件

(1) 事故介绍

某高校实习生产企业化工熔铸车间发生一起冷却水闪蒸事故,造成 4 人死亡,6 人受伤。

(2) 原因分析

熔铸车间作业工人发现铸造过程出现异常情况后,在采取加铝饼、调速等降温方法效果不明显时,未及时终止作业,导致铝合金棒拉漏,大量高温铝液进入冷却竖井,冷却水瞬间汽化并发生剧烈的铝粉氧化反应,产生的混合气体在相对密闭空间急剧膨胀,聚集的能量突然释放形成冲击波,导致事故发生。

(3) 生产事故教训

① 企业安全制度落实不到位、内容不科学。安全培训制度未落实,三项岗位人员持证不足,三级安全培训教育不到位;违法采用 12h 两班连续工作制度,熔铸车间安全管理缺失;工作制度不合理导致夜班生产作业调度不畅、安全监管失位,当班班长发现现场违规问题纠正不及时,对生产过程中出现的异常状况处置失当。

② 企业安全管理不到位。熔铸车间风险等级与安全管理措施不匹配,隐患排查治理没有形成完整的闭环;制定的熔铸工安全操作规程缺少具体操作程序和步骤、岗位主要危险有害因素等;安全管理机构设置不健全,安全管理职责边界不清,安全管理人员数量不足。

③ 监管部门安全检查专业能力不足,未能及时发现熔铸车间铸造过程中的安全隐患和存在的问题。

6.2 高校实验室典型安全案例分析

教育部关于高等学校实验室信息统计数据,截至 2018 年末,全国公立大学实验室数量超过12万间，政府、科研院所、医院、企业等各类实验室数量超过100万间。由于高校实验室的复杂性与多样性，每年都会有各种各样的事故发生，而任何安全事故的发生都有其必然性，都与人们不重视安全管理、不懂得安全知识和违章操作等因素有关。

6.2.1 高校实验室典型安全事故类型分析

（1）火灾事故

事故原因：①忘记关电源，致使设备或用电器具通电时间过长，温度过高，引起着火；②操作不慎或使用不当，使火源接触易燃物质，引起着火；③供电线路老化，超负荷运行，导致线路发热，引起着火；④乱扔烟头，接触易燃物质，引起火灾。

这类事故的发生具有普遍性，任何实验室都可能发生。

（2）爆炸事故

事故原因：①违反操作规程，引燃易燃物品，进而导致爆炸；②设备老化，存在故障或缺陷，造成易燃易爆物品泄漏，遇火花而引起爆炸。

这类事故多发生在有易燃易爆物品和压力容器的实验室。

（3）生物安全事故

事故原因：①微生物实验室管理上的疏漏和意外事故不仅可以导致实验室工作人员的感染，也可造成环境污染和大面积人群感染；②生物实验室产生的废物甚至比化学实验室的更危险，生物废弃物含有传染性的病菌、病毒、化学污染物及放射性有害物质，对人类健康和环境都可能构成极大的危害。

这类事故多发生在生物实验室。

（4）毒害事故

事故原因：违反操作规程，将食物带进有毒物的实验室，造成误食中毒；设备设施老化，存在故障或缺陷，造成有毒物质泄漏或有毒气体排放不出，酿成中毒；管理不善，造成有毒物质散落流失，引起环境污染；废水排放管路受阻或失修改道，造成有毒废水未经处理而流出，引起环境污染。

这类事故多发生在具有化学药品和剧毒物质的化学化工实验室。

（5）设备损坏事故

事故原因：线路故障或雷击造成突然停电，致使被加热的介质不能按要求恢复原来状态造成设备损坏；高速运动的设备因不慎操作而发生碰撞或挤压，导致设备受损。

这类事故多发生在用电加热的实验室。

（6）机电伤人事故

事故原因：操作不当或缺少防护，造成挤压、甩脱和碰撞伤人；违反操作规程或因设备设施老化而存在故障和缺陷，造成漏电触电和电弧火花伤人；使用不当造成高温气体、液体对人的伤害。

这类事故多发生在有高速旋转或冲击运动的机械实验室，或要带电作业的电气实验室和一些有高温产生的实验室。

（7）信息或技术被盗事故

事故原因：实验室人员流动大，设备和技术管理难度大，实验室人员安全意识薄弱，让犯罪分子有机可乘。

这类事故是实验室安全常发事件，不仅造成了财产损失，影响了实验室的正常运转，甚至有可能造成安全信息与核心技术的外泄。

6.2.2 高校实验室安全事故类型统计分析

将高校实验室近年发生的 100 起安全事故进行统计，结果见图 6-8。各类事故中，爆炸事故（包括仪器设备爆炸和化学试剂爆炸）最多，占事故总数的 44%；火灾事故其次，占事故总数的 42%；中毒事故较少，占 6%；电击事故最少，只有 1 起；其他事故占 7%。火灾、爆炸、中毒是实验室安全事故的主要类型，这与实验室使用种类繁多的易燃、易爆、有毒化学药品以及有些实验需要在高温、高压、超低温、强磁、真空、辐射、微波或高转速等特殊条件下进行密切相关，操作不慎或稍有疏忽，就可能发生着火、爆炸、化学灼伤和中毒事故。

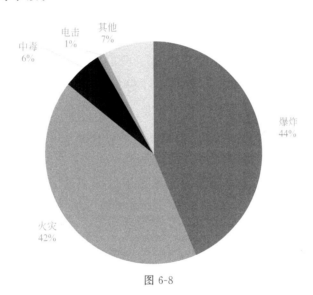

图 6-8

6.2.3 高校实验室化学品事故统计分析

危险化学品是指具有毒害、腐蚀、爆炸、燃烧、助燃等性质，对人体、设施与环境有危害的剧毒化学品和其他化学品。危险化学品在生产、贮存、运输、销售和使用过程中，因其易燃、易爆、有毒、有害等危险特性，常会引发火灾和爆炸等危险事故，造成巨大的人员伤亡和财产损失。很多事故发生的原因是缺乏相关危险化学品安全基础知识，不遵守操作和使用规范，以及对突发事故苗头处理不当。据统计，近年来在高校发生的 100 起典型安全事故中，有 80 起是由危险化学品引发的燃烧、爆炸事故。按照国家标准 GB 6944—2012《危险货物分类和品名编号》关于危险物品的分类，对引起事故的危险物品进行分析，得到如图 6-9 所示结果分布图。

由危险化学品事故分析数据图可知：易燃液体引起的燃烧、爆炸事故最多，占 33%；毒害气体引起的事故次之，占 25%；然后是易燃固体引起的事故，占 15%；其后是腐蚀性物质引起的事故，占 10%；氧化性物质和有机过氧化物引起的事故占 6%；爆炸品引起的事故相对较少，占 1%；其他物质引发的事故占 10%。

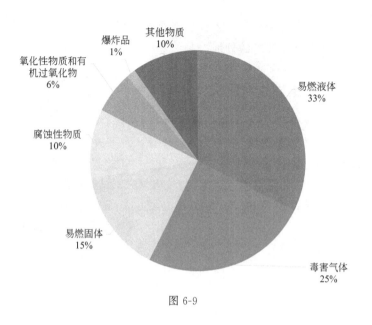

图 6-9

6.2.4 高校实验室现场检查不符合项统计分析

2021年4月至6月，教育部组织开展了2021年度高校实验室安全检查工作。检查对象是高校科研实验室和教学实验室。检查工作经历"高校自查自纠、高校现场检查、高校整改总结"三个阶段，总结出高校实验室现场检查不符合项（存在安全隐患）统计结果，见图6-10。

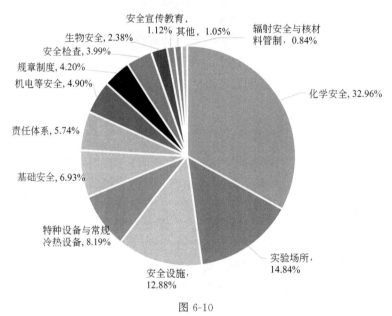

图 6-10

根据教育部2021高校实验室现场检查不符合项统计结果，排序前6位的大类问题，依次是：①化学安全问题，占32.96%；②实验场所问题，占14.84%；③安全设施问题，占12.88%；④特种设备与常规冷热设备问题，占8.19%；⑤基础安全问题，占6.93%，⑥责任体系问题，占5.74%。

感言：事故没有发生在我们身上的时候，只是一个概率的概念，可能是千分之一或万分之一，当你不再是分母而是分子的时候，对你和你的家人来说就是百分之百。灾难来临、鲜血喷涌，希望我们每个人都不要再有类似经历。

生命可贵，我们在努力前行时请加倍珍惜自己：树立牢固的实验室安全意识，明确实验室安全理念，遵守实验操作规程，识别并消除安全隐患，杜绝实验室安全事故的发生。

附 录

附录1　高校实验室国家安全规范指南

教育部关于加强高校实验室安全工作的意见
教技函〔2019〕36号

各省、自治区、直辖市教育厅（教委），新疆生产建设兵团教育局，有关部门（单位）教育司（局），部属各高等学校、部省合建各高等学校：

安全是教育事业不断发展、学生成长成才的基本保障。近年来，教育系统树立安全发展理念，弘扬生命至上、安全第一的思想，高校实验室安全工作取得了积极成效，安全形势总体保持稳定。但是，高校实验室安全事故仍然时有发生，暴露出实验室安全管理仍存在薄弱环节，突出体现在实验室安全责任落实不到位、管理制度执行不严格、宣传教育不充分、工作保障体系不健全等方面。为深入贯彻落实党中央、国务院关于安全工作的系列重要指示和部署，深刻吸取事故教训，切实增强高校实验室安全管理能力和水平，保障校园安全稳定和师生生命安全，提出以下意见。

一、提高认识，深刻理解实验室安全的重要性

1.进一步提高政治站位。各地教育行政部门和高校要从牢固树立"四个意识"和坚决做到"两个维护"的政治高度，进一步增强紧迫感、责任感和使命感，深刻认识高校实验室安全工作的极端重要性，并作为一项重大政治任务坚决完成好。

2.充分认识复杂艰巨性。高校实验室是开展科研和教学实验的固定场所，体量大、种类多、安全隐患分布广，包括危险化学品、辐射、生物、机械、电气、特种设备、易制毒制爆材料等，重大危险源和人员相对集中，安全风险具有累加效应。

3.强化安全红线意识。各高校要把安全摆在各项相关工作的首位，把实验室安全作为不可逾越的红线，牢固树立安全发展理念，弘扬生命至上、安全第一的思想，坚决克服麻痹思想和侥幸心理，抓源头、抓关键、抓瓶颈，做到底数清、责任明、管理实，切实解决实验室

安全薄弱环节和突出矛盾，掌握防范化解遏制实验室安全风险的主动权。

二、强化落实，健全实验室安全责任体系

4.强化法人主体责任。各高校要严格按照"党政同责，一岗双责，齐抓共管，失职追责"和"管行业必须管安全、管业务必须管安全"的要求，根据"谁使用、谁负责，谁主管、谁负责"原则，把责任落实到岗位、落实到人头，坚持精细化原则，推动科学、规范和高效管理，营造人人要安全、人人重安全的良好校园安全氛围。

5.建立分级管理责任体系。构建学校、二级单位、实验室三级联动的实验室安全管理责任体系。学校党政主要负责人是第一责任人；分管实验室工作的校领导是重要领导责任人，协助第一责任人负责实验室安全工作；其他校领导在分管工作范围内对实验室安全工作负有支持、监督和指导职责。学校二级单位党政负责人是本单位实验室安全工作主要领导责任人。各实验室责任人是本实验室安全工作的直接责任人。各高校应当有实验室安全管理机构和专职管理人员负责实验室日常安全管理。

三、务求实效，完善实验室安全管理制度

6.建立安全定期检查制度。各高校要对实验室开展"全过程、全要素、全覆盖"的定期安全检查，核查安全制度、责任体系、安全教育落实情况和存在的安全隐患，实行问题排查、登记、报告、整改的"闭环管理"，严格落实整改措施、责任、资金、时限和预案"五到位"。对存在重大安全隐患的实验室，应当立即停止实验室运行直至隐患彻底整改消除。

7.建立安全风险评估制度。实验室对所开展的教学科研活动要进行风险评估，并建立实验室人员安全准入和实验过程管理机制。实验室在开展新增实验项目前必须进行风险评估，明确安全隐患和应对措施。在新建、改建、扩建实验室时，应当把安全风险评估作为建设立项的必要条件。

8.建立危险源全周期管理制度。各高校应当对危化品、病原微生物、辐射源等危险源，建立采购、运输、存储、使用、处置等全流程全周期管理。采购和运输必须选择具备相应资质的单位和渠道，存储要有专门存储场所并严格控制数量，使用时须由专人负责发放、回收和详细记录，实验后产生的废弃物要统一收储并依法依规科学处置。对危险源进行风险评估，建立重大危险源安全风险分布档案和数据库，并制订危险源分级分类处置方案。

9.建立实验室安全应急制度。各高校要建立应急预案逐级报备制度和应急演练制度，对实验室专职管理人员定期开展应急处置知识学习和应急处理培训，配齐配足应急人员、物资、装备和经费，确保应急功能完备、人员到位、装备齐全、响应及时。

四、持之以恒，狠抓安全教育宣传培训

10.持续开展安全教育。各高校要按照"全员、全面、全程"的要求，创新宣传教育形式，宣讲普及安全常识，强化师生安全意识，提高师生安全技能，做到安全教育的"入脑入心"，达到"教育一个学生、带动一个家庭、影响整个社会"的目的。要把安全宣传教育作为日常安全检查的必查内容，对安全责任事故一律倒查安全教育培训责任。

11.加强知识能力培训。学校的分管领导、有关职能部门、二级院系和实验室负责安全

管理的人员要具备相应的实验室安全管理专业知识和能力。建立实验室人员安全培训机制，进入实验室的师生必须先进行安全技能和操作规范培训，掌握实验室安全设备设施、防护用品的维护使用，未通过考核的人员不得进入实验室进行实验操作。对涉及有毒有害化学品、动物及病原微生物、放射源及射线装置、危险性机械加工装置、高压容器等各种危险源的专业，逐步将安全教育有关课程纳入人才培养方案。

五、组织保障，加强安全工作能力建设

12. 保障机构人员经费。各高校应当根据实验室安全工作的实际情况和需求，明确实验室安全管理的职能部门；加强安全队伍建设，配备充足的专职安全人员，并不断提高素质和能力；保障安全工作的经费投入，确保安全管理制度能够切实有效执行。

13. 加强基础设施建设。各高校应当加强安全物质保障，配备必要的安全防护设施和器材，建立能够保障实验人员安全与健康的工作环境。提升实验室安全管理的信息化水平，建立和完善实验室安全信息管理系统、监控预警系统，促进信息系统与安全工作的深度融合。

六、责任追究，建立安全工作奖惩机制

14. 纳入工作考核内容。各高校应当将实验室安全工作纳入学校内部检查、日常工作考核和年终考评内容，对在实验室安全工作中成绩突出的单位和个人给予表彰奖励；对未能履职尽责的单位和个人，在考核评价中予以批评和惩处。

15. 建立问责追责机制。各高校要对发生的实验室安全事故，开展责任倒查，严肃追究相关单位及个人的事故责任，依法依规处理。对于实验室安全责任制度落实不到位，安全管理存在重大问题，安全隐患整改不及时不彻底的单位，学校上级主管部门会同纪检监察机关、组织人事部门和安全生产监管部门，按照各部门权限和职责分别提出问责追责建议。

教育部
2019 年 5 月 22 日

附录 2　盘锦职业技术学院安全责任体系

一、强化法人主体责任

严格按照"党政同责，一岗双责，齐抓共管，失职追责"和"管行业必须管安全、管业务必须管安全、管生产必须管安全"的要求，根据"谁使用、谁负责、谁主管、谁负责"原则，把责任落实到岗位、落实到人头，坚持精细化原则，推动科学、规范和高效管理，营造人人要安全、人人重安全的良好校园安全氛围。

二、建立分级管理责任体系

构建学校、各院系、实验室三级联动的实验室安全管理责任体系。实验室安全工作责任体系是依据《教育部关于加强高校实验室安全工作的意见》和《教育部办公厅关于开展加强高校实验室安全专项行动的通知》要求，高校党政主要负责人是校级实验室安全主要负责人

（一级责任人），分管实验室工作的校领导是重要领导责任人，协助第一责任人负责实验室安全工作；其他校领导在分管工作范围内对实验室安全工作负有支持、监督和指导职责。学校成立实验室安全管理小组，下设实验室安全管理办公室，由教务处牵头成立，为一级管理层。教学教辅部门党支部书记、主任，二级学院党支部书记、院长是全院实验室安全工作二级责任人，全面负责本单位的安全工作，作为二级安全管理层应加强领导，落实责任。各学院各级、各类实验室负责人和实验室的使用者是本实验室安全工作的直接责任人，为三级安全管理层。无论教学与科研，实验指导教师责无旁贷（附图1）。

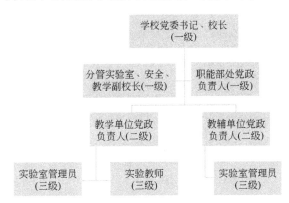

附图1 实验室三级安全管理责任体系

根据"谁使用、谁负责，谁主管、谁负责"的原则，学校实行实验室安全的"三级"责任制。学校签订"二级"责任书，教务处、实验与计算中心负责"第一级"安全责任书的制订、修订等工作，学校党政主要领导与各二级单位（职能部处和教学教辅部门）签订实验室安全责任书（一级），各二级单位（职能部处和教学教辅部门）与本单位各实验室负责人和在全院各实验室完成教学活动的教师签订实验室安全责任书（二级）。

三、各级安全体系的安全职责

1. 一级法人安全职责

学校成立实验室安全领导小组（以下简称"领导小组"），下设实验室安全管理办公室，办公室设在教务处。

领导小组组长：学校党委书记、校长

领导小组副组长：分管实验室安全工作的副校长

成员单位：职能部门、各学院、教辅部门

成员：教务处正副处长、各学院党政负责人、教辅部门党政负责人

领导小组主要职责是：

(1) 贯彻落实国家关于高校实验室安全工作的法律法规；

(2) 指导学校制订实验室安全工作规划、实验室安全工作规章制度、责任体系和应急预案；

(3) 研究审议实验室安全工作重要事项，协调、指导有关部门落实相关工作等。

实验室安全管理办公室作为学校实验室安全的主要监督与管理部门，在领导小组的领导下，负责开展各项具体工作，其主要职责是：

(1) 制订学校实验室安全工作规划，制订和完善学校实验室安全管理规章制度、应急预

案，贯彻执行上级部门的有关文件；

（2）统筹协调和组织实施学校实验室安全管理工作，指导、督查、协调各相关单位执行规章制度，做好实验室安全管理，重点做好危险化学品、辐射、实验废弃物等实验室安全管理工作；

（3）组织检查与督查实验室安全，督促整改安全隐患；组织开展实验室安全知识宣传、安全教育及业务培训；

（4）受理学校实验室安全事故报告，配合政府相关部门做好实验室安全事故调查、处置工作；

（5）教务处是学校教学实验室安全管理的职能部门，负责对全校教学实验室安全工作进行指导、监督与检查。

2. 二级单位安全责任

各二级单位（教学教辅部门）是实验室安全工作的主体责任单位，其实验室安全工作主要负责人应敦促具体负责人履行以下职责：

（1）建立、健全本单位实验室安全责任和工作体系；

（2）针对本单位安全类型，制订和完善适用于本单位实验室安全的管理制度、技术规范和安全事故应急预案；

（3）组织、协调、督促本单位做好实验室安全工作，层层落实管理责任制，与实验室责任人（安全员）和实验指导教师签订安全责任书；

（4）组织实验室安全检查和隐患排查，协助学校实验室安全检查，并组织落实隐患整改；

（5）执行实验室安全准入制度，组织本单位相关人员参加实验室安全教育培训与考试。

3. 三级管理教师安全职责

各实验室（专业实训区）负责人是本实验室安全的直接责任人，对所在实验室的安全管理及发生的责任事故负主要责任。实验室负责人须履行以下职责：

（1）负责本实验室安全责任体系的建立和规章制度（包括操作规程、应急预案、实验室准入制度等）的建设；

（2）执行实验室安全准入制度，严格监督实验室安全准入制度的执行；

（3）根据实验室安全类型，负责对本实验室工作人员进行安全、环保教育和培训并备案，对临时来访人员进行安全告知；

（4）负责本实验室安全日常管理工作，建立本实验室内危险物品台账（包括危险化学品、剧毒品、气体钢瓶台账等），做好安全自查记录；

（5）组织、督促相关人员做好实验室安全工作，防止违反实验室安全规范要求的任何实验活动；

（6）定期开展安全隐患排查和环境卫生自查，配合学校安全检查，并组织落实安全隐患整改，根据上级管理部门的有关通知，做好安全信息的汇总、上报等工作。

4. 三级指导教师及相关工作人员安全职责

在实验室教学、学习、工作的所有人员是实验室使用期间的直接安全责任人，均须对实验室安全和自身安全履行以下职责：

（1）遵守实验室安全准入制度；

（2）遵循实验室的各项安全管理制度，严格按照实验操作规程或实验指导书开展实验；

(3) 发现安全隐患,应及时排除隐患再继续实验,无法排除隐患的需停止实验进程,并提出异议,向主管部门报告;

(4) 配合各级安全责任人和管理人做好实验室安全工作,排除安全隐患,避免安全事故的发生;

(5) 熟悉实验室安全应急程序,参加突发事件应急处理等演练活动,知晓应急电话号码、应急设施和用品的位置,掌握正确的使用方法。

附录3 实验室安全职责

根据《教育部关于加强高校实验室安全工作的意见》及省教育厅对安全工作的要求,盘锦职业技术学院各二级学院及教辅部门的主要负责人是本教学单位实验室的安全责任人。以下是各级人员的安全职责。

一、实验室主任安全职责

1. 实验室主任为本实验室安全责任人,对学校、二级学院负责。严格执行学校有关安全管理规定,并结合本单位实际情况,组织制定实验室安全管理细则。

2. 经常对有关人员进行法律法规教育和"四防"安全教育,督促他们自觉遵守各项安全管理规章制度。

3. 经常组织安全检查,做好安全记录,发现隐患漏洞,及时处理。因客观因素凡本实验室难以整改的,必须采取临时应急措施,同时向上级领导书面汇报,以求得到解决。

4. 指定专人负责保管易燃、易爆、化学危险物品和贵重仪器设备、材料,进行分类贮存,做到责任到人,严格落实危险物品管理及使用制度,控制领用数量,掌握危险物品的使用情况。要严格遵照有关规定使用剧毒药品,严格遵守审批制度。

5. 确定安全检查员(应相对稳定),负责日常安全检查工作。

6. 有事故发生时,必须第一时间到现场并组织保护好现场,及时报案,说明情况,协助查破。发生事故,要认真追查,分清责任,及时上报处理。

二、实验室管理教师安全职责

1. 实验室管理教师包括专职从事实验室工作的管理人员和兼职人员。实验室管理教师对实验中心主任负责,并服从其领导。

2. 必须熟悉危险物品的化学性质和仪器设备的性能,严格遵守本室各项安全管理制度和安全操作规程。

3. 对进入实验室的师生做好安全操作规程的指导和教育工作,严格执行危险物品领用保管制度,确保安全。

4. 协助实验指导教师做好实验准备,实验结束后,做好实验室日常巡检工作,明确实验所用电、气、水源等是否切断,并做好安全记录。

5. 对实验室内一切电气设备应定期检查,禁止乱拉、乱接和超负荷运行,电源线路、电源开关必须保持完好状态,做到安全用电。

6. 熟悉本实验室安全要求,配备消防器材,并保持良好状态,懂得一般消防器材的性能和使用方法。

三、实验室任课教师安全职责

1. 切实按实验指导书指导实验，严格要求学生共同遵守实验室各项安全管理规则。

2. 认真进行实验准备工作，包括所需仪器和实验材料，防止使用操作带有安全隐患的仪器设备。

3. 实验前，必须给学生讲清本实验所用仪器设备的性能、操作规程等。实验过程中，认真检查操作情况，发现违章操作的应及时纠正。

4. 学生实验完毕，指导学生及时整理仪器设备和清理杂物，凡属危险物品应按规定交回，由专人收管，并认真检查实验所用的电、气、水源关闭情况。

5. 对实验所用大型设备，按管理要求填写使用记录，如有损坏及时通知该仪器主管人员组织维修。一旦发生事故，协助保护现场，必要时应采取临时应急措施，以免事故扩大，并及时上报。

附录 4　实验室安全操作规程

实验室存在各种不安全因素，如烧伤、烫伤、割伤、中毒、失火、爆炸以及"三废"对环境的污染等，为确保实验室人员人身安全和健康，确保国家和个人的财产不受损失，保护环境，特制定本规程。

一、基本技术操作规程

1. 实验室必须张贴安全提示牌，注明该实验室所属部门、安全责任人，以及涉及危险项目种类、防护要求、施救措施等。

2. 各楼层必须安装突发危险事件（火灾、爆炸、毒品泄漏等）报警装置、喷淋洗眼装置，并悬挂醒目标识。

3. 所有人员进入实验室必须穿工作服，进入防护要求需要佩戴工作帽、防护镜的实验室，还应佩戴工作帽、防护镜。工作服应经常保持整洁。禁止穿工作服进入食堂或其他公共场所。在进行实验时需要接触浓酸、浓碱的工作人员还应佩戴胶皮手套。

4. 实验室内禁止吸烟、饮食，不准用实验器皿作茶杯或餐具，不得用嘴尝的方法来鉴别未知物。工作完毕后，离开实验室时，应用肥皂或洗洁精洗手。

5. 实验室遇到突然停电、停水时，应立即关闭电源及水源，以防恢复供电、供水时由于开关没关而发生事故。离开实验室时，应检查门、窗、水电及压缩气管道是否关闭。

6. 实验室内严禁存放大量试剂，临时存放少量试剂的试剂瓶必须贴有明显的与内容相符的标识，标明名称及浓度。易燃、易爆、腐蚀性试剂，要分类存放在专用橱内加锁保管，并填写存放记录。

7. 开启易挥发的试剂瓶（如乙醚、丙酮、浓盐酸、浓氢氧化铵等）时，尤其在夏季或室温较高的情况下，应先经流水冷却后盖上湿布再打开，切不可将瓶口对着自己或他人，以防气液冲出引起事故。

8. 取下正在加热至沸的水或溶液时，应先用烧杯夹将其轻轻摇动后才能取下，防止其暴沸，飞溅伤人。

9.高温物体（如刚由高温炉中取出的坩埚和瓷器等）要放在耐火石棉板上或瓷盘中，附近不得有易燃物。需称量的坩埚，待稍冷后方可移至干燥器中冷却。

10.带有放射性的样品，其放射强度超过规定时，严禁在一般化学实验室操作使用。使用放射性物质的工作人员，须经过特殊训练，按防护规定配置防护设备。

11.实验室的各种精密贵重仪器设备，应有专人负责保管，并制定单独的安全处置规程，未经保管人同意或未掌握安全操作规程，不得动用。

12.各种电气设备及电线应始终保持干燥，不得浸湿，以防短路引起火灾或烧坏电气设备。

13.除特殊设备要求外，实验室的温度一般应控制保持在13～35℃之间，温度过低或过高，应采取调温措施，否则对安全不利，对仪器的准确度、化学反应的速度、有机试剂的挥发及提取均有直接影响。

二、危险化学品及机电设备的安全操作规程

1.能产生有害的气体、烟雾或粉尘的操作，必须在良好的通风橱内进行。

2.严格控制剧毒物品的使用，不经批准不得携带剧毒化学品进入实验室，一经发现严肃处理。

3.汞属于积累性毒物，一般应禁止使用。确因需要必须使用时，应避免溅洒，并熟知汞溅洒后的处理方法。使用汞的实验室及实验台，应备有特殊设施，以便收集偶尔洒出的少量汞。

4.搬运大瓶（或坛装）酸、碱或腐蚀性液体时，应特别小心，注意容器有无裂纹，外包装是否牢固。搬运时，最好用手推车。从大容器中分装时，应用虹吸管移取。10kg以上的玻璃容器，严禁用手倾倒。

5.对于在稀释时能放出大量热的酸、碱，稀释时都应严格按照规程操作。操作时戴橡胶手套，操作后必须立即洗手，以防止造成意外烧伤。

6.实验室内不得存放大量（一般不超过1000mL）易燃药品（包括废液），如汽油、酒精、甲醇、乙醚、苯类、丙酮及其他易燃有机溶剂等。少量易燃药品应放在远离热源的地方，并保持室内通风。

7.使用易燃药品时，附近不得有明火、电炉及电源开关，更不可用明火或电炉直接加热。使用易燃溶剂进行加热实验时，一次不得超过500mL。应用水浴或油浴等间接加热法，烧瓶中应加入防暴沸物质，并随时注意实验是否正常，做好人身防护和灭火准备。人离开时，要及时拆去热源。

8.严格按照使用规则使用气体钢瓶。各种装有压缩气体的气瓶在贮运、安装及使用时应注意以下几点。

① 搬运气瓶时，应先装上安全帽，不可使气瓶受到震动和撞击，以防爆炸。

② 气瓶竖立放置时，必须固定拴牢。

③ 气瓶不得与电线接触或放在靠近加热器、明火或暖气附近，也不要放在有阳光直射的地方，以防气体受热膨胀引起爆炸。

④ 开启压力表的阀门时要缓慢，气流流速不可太快，以防仪器被冲坏或引起着火爆炸。

⑤ 各种气瓶在使用到最后时剩余压力不得小于 0.05MPa。乙炔瓶的剩余压力，随室温不同而定。

9. 实验室内不得有裸露的电线，刀闸开关应完全合上或断开，以防接触不好打出火花引起易燃物的爆炸。拔下插头时，要用手捏住插头再拔，不得只拉电线。

10. 各种电器及电线、电缆要始终保持干燥，不得浸湿，以防短路引起火灾或烧坏电气设备。

11. 通风机发生异响或故障时，应立即断电检修。通风机及发动机应定期检修。

12. 保险丝熔断时，应检查原因，不得任意增加或加粗保险丝，更不可用铜丝代替。

13. 用高压电流工作时，必须穿上电工用绝缘鞋，戴上绝缘手套，站在绝缘的地板上，要使用带绝缘手柄的工具，具有高压的仪器设备，其外壳应接有单独埋设的地线，其电阻不大于 4Ω。

三、废弃物处理操作规程

1. 一切不溶于水的固体物或浓酸、浓碱废液，严禁倒入水池，以防堵塞和腐蚀水管。少量浓酸、浓碱应经大量水稀释、中和，进行无害化处理后，才能排放。

2. 有机溶剂废液不得排入下水道，易燃、易爆、腐蚀类废溶剂，应放入回收瓶标明类别、主要成分名称或分子式，送到危险化学废弃物临时存放处集中处理。

3. 化学实验室的废水在排入城市下水道前应经中和及净化处理，中和池及净化处理设施可设在实验室周围下水系统中，使有害杂质及 pH 不超过国家相关标准中的规定，并应定期检测。

四、防护与急救规程

1. 实验室应备有急救箱，并经常检查，保证齐备无缺。箱中应有消毒纱布、消毒绷带、消毒棉花球、止血带、碘伏、碘酒、橡皮膏、烫伤油膏、乙酸（3%～4%水溶液）、碳酸氢钠（2%水溶液）、硼酸（饱和溶液）、乙醇（75%）、洗眼杯、消毒镊子及剪刀等。

2. 当眼睛里溅入腐蚀性药品时，应立即用洗眼器冲洗。待药物充分洗净后，立即到医务室就医。当身体其他部位被溅到腐蚀性药品时，应立即用喷淋装置冲洗。待药物充分洗净后，立即到医务室就医。

3. 当眼睛里进入碎玻璃或其他固体异物时，应闭上眼睛不要转动，立即到医务室就医，更不要用手揉眼睛，以免引起更严重的擦伤。

4. 使用氢氟酸后，如感到接触部位开始疼痛，应立即用饱和硼砂溶液或冰与乙醇的混合溶液浸泡，并去医务室进一步处理。

5. 浓酸或浓碱洒在衣服上或皮肤上时，应立即用大量水冲洗，并将烧伤处的衣服尽快脱下，继续用大量水冲洗，再分别用碳酸氢钠溶液（2%）或乙酸溶液（3%～4%）轻轻擦洗，必要时去医务室就医。

6. 人体触电时，应立即切断电源，或用非导体将电线从触电者身上移开。如有休克现象，应将触电者移到有新鲜空气处立即进行人工呼吸，并请医务人员到现场抢救。

附录5 实验室安全管理制度

一、实验室安全须知

1.实验室是教学、科研的重要基地,实验室的安全状况是实验教学、科研工作能正常运行的基本保证。凡进入实验室工作、学习的人员必须遵守此制度。

2.实验室工作人员必须牢固树立"安全第一"的观念,建立健全"四防"(防火、防盗、防爆、防事故)制度,保证实验教学和科学研究工作顺利进行。

3.每个实验室设一名安全负责人,负责本室的安全工作。定期进行安全检查和消防知识培训。

4.易燃、易爆、剧毒、毒菌、放射性等危险品的领取、保管(存放)、使用及污物处理,应严格执行上级的有关规定。

5.任何人进入实验室工作,实验前必须检查火、电、防爆、防腐等设施是否正常,不得带病运转。

6.实验指导教师在实验课开始前,必须向学生讲清实验室安全注意事项。在仪器运行过程中,不得擅自离岗。

7.实验室内严禁存放杂物及与实验无关的物品。禁止吸烟。使用明火时,必须向分管实验室二级学院或实验与计算中心负责人报告并有人值守。

8.实验室安全负责人必须随时检查室内与电、气有关的设施及设备,发现问题,及时报告,及时解决。

9.根据实际情况,合理放置消防器材。实验室工作人员必须掌握基本消防知识以及火灾报警和扑救方法。

10.严格按照仪器设备"操作规程"操作。非本实验室人员进入实验室,按实验室有关规定使用各种仪器设备。

11.对大功率开关等危险设备进行操作时,须有两人同时在场。

12.进入实验室工作的任何人员,离开实验室前必须及时断水、断电,对火、电、防爆等环节进行安全检查。坚持做到人走灯灭,关好门窗、水电等。

13.节假日前,由实验室安全负责人进行安全检查。假期值班人员发现异常情况,应及时报告和处理。

14.实验室管理人员应定期地对实验仪器设备的安全性进行检查,发现安全隐患应及时排除或向有关部门报告,对造成安全事故者,视情节轻重按有关规定处理。

15.实验室管理人员应认真履行其实验室管理职责,对因管理疏忽而造成的事故,将追究有关责任人的责任。

二、实验室安全培训和安全告知制度

实验室工作人员必须经岗前培训,考核合格后才能上岗;在岗人员也应定期参加培训,考核合格后,才能留岗继续工作。

培训目的是进行安全知识的普及，使工作人员充分认识到安全的重要性和掌握必要的安全知识。培训应请有经验的技术人员做讲座。培训的内容如下。

1. 安全相关的法律法规，其中包括了解我国危险化学品使用安全的情况，掌握其相关的法律体系和标准体系，深刻理解危险化学品安全管理的重要性。

2. 化学品安全管理的基础知识，其中包括危险化学品的概念、分类、标志、安全标签和安全技术说明。

3. 化学品的安全储存，其中包括危险化学品储存的危险性分析，易燃易爆品、毒害品和腐蚀性物品的安全储存方法。

4. 化学品的安全使用，其中包括危险化学品安全使用公约、危险化学品的使用登记制度、使用安全措施和使用程序控制等。

5. 化学品废物的安全处置，其中包括危险化学品废物及其危害、危险化学品废物的综合治理、危险化学品废物的储存、危险化学品废物的安全处置和危险化学品废气的治理。

6. 化学品防火防爆及电气安全技术，其中包括危险化学品燃烧与爆炸的基本原理、防火防爆的安全措施、电气安全的基础知识和危险场所的电气安全等。

7. 实验室设备的安全技术与管理，其中包括各种实验室仪器设备的工作原理及其使用与维护方法和常见故障的排除，实验室仪器设备使用情况记录和维修记录等。

8. 危害识别、安全评价及事故应急救援，其中包括危险、有害因素的辨识，重大危险源的辨识，安全评价，事故调查与处理，事故应急救援。

三、实验室安全检查制度

1. 实验室负责人是本实验室安全责任人，各实验室应设定一名兼职安全员，安全员协助实验室负责人具体负责该实验室的安全工作。安全员对实验室的安全负有检查、监督的责任，有权制止有碍安全的操作，纠正安全违规行为。

2. 各实验室应根据各自工作特点，制定安全条例和安全操作规程等相应的安全管理制度及实施细则，以及安全警示的标识标牌等，并张贴在实验室显著区域，严格贯彻执行。

3. 各实验室应设专人负责安全工作，建立、健全各实验室的日常安全检查制度和节假日前的安全检查制度，并做好相应的记录。

4. 实验中心要组织、督促、检查各实验室安全工作。安全检查坚持自查与抽查相结合，定期检查与不定期检查相结合的原则，及时发现并排除安全隐患，督促各实验室做好安全工作档案，切实将安全责任落实到位，落实到人。

5. 按照分类检查的原则，实验中心将重点对各实验室所涉及的消防安全、环境安全、易燃易爆和危险化学品安全、大型设备和特种设备安全、精密仪器设备安全、电气安全、技术资料安全、档案资料安全等进行专项检查。

6. 要认真准备和熟悉有关实验内容、操作步骤及仪器设备的性能，严格执行操作规程，并做好必要的安全防护，仪器设备在运行的过程中，实验人员不得离开现场，下班前必须检查仪器设备及实验室的门窗和水电是否关闭。

7. 各实验室在进行安全检查中发现安全隐患，要及时排除；不能自行排除的，报告有关部门处理。如发生事故，应及时采取措施，并如实报告。凡隐瞒不报，造成重大损失的，将追究相关人员的责任。

四、劳动保护/安全防护用品配备制度

1. 劳动防护用品由专人采购符合标准要求的产品，按规定入库，发放给使用人员，填写劳动防护用品发放登记台账并检查发放情况。

2. 防护用品的品种、规格和样式，应当以符合工种安全要求为主，做到适用、美观、大方。

3. 根据安全工作及防止工伤、职业病伤害的需要，按照不同教学岗位、不同劳动条件发给教职员工个人劳动防护用品。

4. 劳动防护用品免费发放，禁止以货币形式或其他物品替代。

5. 教职员工在工作岗位调动时，对于岗位变化的劳动防护用品（除特殊工种外），学校有权作出相应调整。

6. 常用的防护用品存放在公众易于取用的位置，做到防潮、防高温、防锐器损坏。

7. 对由工作原因造成损坏的防护用品，可及时领取更换；对非因工造成劳动防护用品损坏的按原价赔偿。

8. 劳动防护用品的管理和发放，涉及每个教职员工的切身利益，对不按规定发放或作业时不按规定穿用防护用品的要进行教育和处理，对由此而造成教职员工伤亡事故的，要追究有关责任人的责任。

9. 教职员工进入实验室进行实验教学、实验操作，必须按照规定穿戴防护用品，正确使用，否则按照违章处罚。

五、实验室安全事故应急管理制度

本预案中的"实验室安全事故"是指全校范围内各级各类教学、科研实验室或实训厂房发生的，造成或者可能造成人员伤亡、财产损失、环境破坏和严重社会危害的事故。

（一）机构与职责

1. 学校实验室安全工作领导小组是实验室安全事故应急处理的领导机构，全面领导、协调实验室安全事故的应急处置工作。

2. 二级单位（学院）应当成立实验室安全事故应急处理领导小组，负责事故现场指挥、协调和应急处置，其主要职责如下：

（1）根据学科特点及实验室类型，负责本单位事故应急预案的制定和落实；

（2）加强安全教育和应急演练，保证各项应急预案有效实施；

（3）安全事故发生后，做好现场救援的协调、指挥工作，确保安全事故第一时间得到有效处理；

（4）及时、准确地上报实验室安全事故情况。

（二）事故预防、预警及响应

1. 实验室日常预防、预警工作

（1）贯彻落实"安全第一，预防为主"的方针，二级单位（学院）应当建立和完善各项

实验室安全管理规章制度，把安全管理责任落实到人，消除安全隐患，做到早防范、早发现、早报告、早处置。

（2）加强应急反应机制的日常管理和实验人员的培训教育，定期开展实验室事故演练，完善应急处置预案，提高应对突发事故的实战能力。

（3）二级单位（学院）应当定期开展综合性检查和自查，及时发现各类安全隐患，发出预警通报，限期整改。定期评估应急预案，并根据各单位具体情况不断完善和修订。

2.实验室安全事故发生后的响应

（1）事故发生后，相关单位应当立即启动应急预案，在积极组织现场救援工作的同时，立即汇报本单位分管校领导及学校相关部门。

（2）及时、有效地对事故进行处置，全力控制事故发展态势，防止次生、衍生和耦合事故（事件）发生，果断控制或切断事故灾害链。在确认事故后立即向上级部门报送事故信息及已采取的控制措施。

（3）对迟报、谎报、瞒报和漏报实验室安全与环保事故及其他重要情况的，根据相关规定对有关责任人给予相应处分；构成犯罪的，移交司法机关追究其刑事责任。

（三）部分安全事故应急处置措施

1.实验室发生危险化学品事故的一般处置办法

（1）若有毒、腐蚀性化学品泼溅在皮肤或衣物上，应当用大量流动清水冲洗，再分别用低浓度的（2％～5％）弱碱（强酸引起的）、弱酸（强碱引起的）进行中和。处理后，再依据情况而定，作下一步处理。化学品溅入眼内时，在现场立即就近用大量清水或生理盐水彻底冲洗。冲洗时，眼睛置于水龙头上方，水向上对眼睛冲洗，时间应不少于15min，切不可因疼痛而紧闭眼睛。处理后，再送眼科医院治疗。

（2）若有毒、有害物质泼溅或泄漏在工作台面或地面，应当立即穿戴好专用防护服、隔绝式空气面具等进行必要防护。泄漏量小时，在确保人身安全的条件下可用沙子、吸附材料、中和材料等进行处理，将收集的泄漏物运至废弃物处理场所处置，残余物用大量水冲洗稀释。

（3）若发生易燃、易爆化学品泄漏，则泄漏区域附近应严禁火种，切断电源。事故严重时，应当立即设置隔离线，通知附近人员撤离，同时报告有关部门。

2.实验室发生中毒事故的一般处置办法

（1）吸入中毒。若发生有毒气体泄漏，应当立即启动排气装置将有毒气体排出，同时打开门窗使新鲜空气进入实验室。若吸入毒气造成中毒，应立即抢救，将中毒者移至空气良好处使之能呼吸新鲜空气，同时送入医院就医。

（2）经口中毒。要立即刺激催吐（可视情况采用0.02％～0.05％高锰酸钾溶液或5％活性炭溶液等催吐），反复漱口，立即送入医院就医。

（3）经皮肤中毒。将患者立即从中毒场所转移，脱去污染衣物，迅速用大量清水洗净皮肤（黏稠毒物用大量肥皂水冲洗）后，及时送入医院就医。

3.实验室发生火灾、爆炸事故的一般处置办法

（1）确定事故发生的位置，明确事故周围环境，判断是否有重大危险源分布、是否会带来次生灾难。

（2）依据可能发生的事故危害程度，划定危险区域，对事故现场周边区域进行隔离和人

员疏导。

（3）如需要进行人员物资撤离，应当按照"先人员、后物资，先重点、后一般"的原则抢救被困人员及贵重物资。

（4）根据引发火情的不同原因，明确救灾的基本方法，采取相应措施，并采用适当的消防器材进行扑救。

① 涉及木材、布料、纸张、橡胶以及塑料等固体可燃材料的火灾，可采用水冷却法，对珍贵图书、档案类火灾应当使用二氧化碳、卤代烷、干粉灭火剂灭火。

② 易燃可燃液体、易燃气体和油脂类等化学药品火灾，使用大剂量泡沫灭火剂、干粉灭火剂将液体火灾扑灭。

③ 设备火灾，应当切断电源后再灭火，因现场情况及其他原因，不能断电，需要带电灭火时，应当使用沙子或干粉灭火器，不能使用泡沫灭火器或水。

④ 可燃金属，如镁、钠、钾及其合金等火灾，应当使用特殊的灭火剂，如干砂或干粉灭火器等进行灭火。

⑤ 视火情拨打"119"报警求救，并到明显位置引导消防车。有人员受伤时，立即向医疗部门报告，请求支援。

4. 实验室发生触电事故的一般处置办法

（1）应当先切断电源或拔下电源插头，若来不及切断电源，可用绝缘物挑开电线。在未切断电源之前，切不可用手去拉触电者，也不可用金属或潮湿的东西挑电线。

（2）触电者脱离电源后，应当就地仰面躺平，禁止摇动伤员头部。

（3）检查触电者的呼吸和心跳情况，呼吸停止或心脏停搏时应当立即施行人工呼吸或心脏按压，并尽快联系医疗部门救治。

5. 实验室发生仪器设备故障事故的一般处置办法

（1）若仪器使用中发生设备电路事故，应当立即停止实验，切断电源，并向仪器管理人员和实验室汇报。如发生失火，应当选用二氧化碳灭火器扑灭，不得用水扑灭。如火势蔓延，应当立即向学校保卫处和消防部门报警。

（2）仪器使用中的容器破碎及污染物质溢出，应当立刻戴上防护手套，按照仪器的标准作业程序关机，清理污染物及破碎玻璃，再对仪器进行消毒清洗，同时告知其他人员注意。

（四）事故调查与处理

1. 在事故应急响应终止后，由学校安全工作领导小组对事故进行调查。

2. 事故单位应当在事故调查结束后三日内上交书面报告，主要包括事故发生的时间、地点、伤亡情况、经济损失、发生事故的原因及相关责任人员情况等。

3. 根据调查结果，对人为原因造成实验室安全事故的单位，将根据情节轻重和后果严肃处理。违反法律、法规的依法追究有关当事人法律责任。

4. 对安全事件反映出的相关问题、存在的安全隐患，应当严格进行整改。加强经常性的宣传教育，防止安全事故的发生。

5. 根据安全事故的性质及相关人员的责任，积极协调有关部门做好受害人员的善后工作。

六、实验室设备安全管理制度

1. 实验室人员必须熟知实验室内设备的基本安全操作和规则。

2. 实验室所有设备属国有资产，按学院资产处理办法执行。

3. 对万元以上仪器设备，要有固定人员负责定期检查、清洗、维护、维修和保养，确保仪器设备安全正常使用。

4. 新购仪器设备必须经过验收，严把质量关。仪器设备到货后，及时组织安装、调试、验收，经检验人员签署验收报告的仪器设备才能投入使用。

5. 任何人不得私自将仪器设备外借或借给非进场研究人员使用。如属工作需要必须事先请示实验室负责人，经批准同意后预约安排时间，并遵守本办法规定，按操作要求进行。第一次使用者必须有管理人员在场指导。

6. 实验室工作人员及进场研究人员使用仪器设备必须按操作要求进行。

（1）操作前认真查阅仪器操作说明和使用注意事项。

（2）检查仪器运行是否正常，并在仪器使用本上登记，记录仪器运行状况、使用时间等。使用人发现问题，请立即向管理人员报告。

（3）仪器一旦在运行中出现故障，应立即停止使用，在使用本上写明情况并报告管理人员。

（4）管理人员根据仪器出现问题的程度，有权暂停使用，在此期间任何人不得随意强行使用。

（5）管理人员将有关情况及时向实验室主任汇报，并提出处理意见。经同意后，管理人员负责联系修理事宜。

（6）违反操作规程造成仪器损坏或发生事故的情况，视其损坏程度和情节，对责任者处以批评教育、书面检查、罚款等处分。

（7）任何人有权制止违反规章的操作。

（8）仪器管理人员应对初入实验室的进场研究人员进行仪器操作培训，进场研究人员在使用过程中有任何疑问，请及时向管理人员咨询。

（9）维护公共卫生、保持清洁，保证仪器的正常运转。

7. 建立仪器设备档案。主要包括以下内容：仪器设备名称、生产厂家及型号、序列号、实验室收到日期与启用日期、人员、仪器操作说明书及有关技术资料、损坏和故障记录、维修及校验报告等。由各仪器设备管理人员进行登记，由实验室指定专人管理档案。每台设备建立专门档案。

8. 对多年不用或已损坏并无修复价值的仪器设备要主动向管理人员通报，经专家组确认后，按积压或报废仪器设备处理。

9. 对丢失的仪器设备，一经发现要立即汇报，认真查找。如不能找到，应说明原因，并追查有关责任者。

10. 实验室定期（3个月～半年）对仪器设备的使用、管理及保养进行检查。对于严格执行操作规程，精心维护保养，在仪器设备管理中表现突出的个人予以表扬或奖励。对由于责任心不强，违反操作规程或管理不善、玩忽职守而使仪器设备发生严重故障、损坏、丢失、提前报废者，按其情节程度和经济损失情况给予处罚。

七、实验室特种设备专项管理制度

1.为加强学校实验室特种设备的安全使用和安全管理，保障师生生命和学校财产安全，防止和减少事故，根据《中华人民共和国特种设备安全法》《特种设备安全监察条例》等有关规定，结合学校实际特制定本制度。

2.本制度用于学校各实验室内涉及特种设备的教学、科研、实训场所的监督管理。学校国有资产处负责实验室在用特种设备的安全监督管理，负责学校各实验室特种设备申购、报废、检验的审核审批工作，负责对实验室特种设备发生事故的应急抢救的组织和协调，协调使用部门申购、报废、检验的相关工作。使用实验室具体负责实验室特种设备的安全管理、使用及年检等事宜，并明确负责人。

3.特种设备是国家以行政法规的形式认定的仪器设备，包含设备部件及配套装置。本制度所称实验室特种设备主要是指与学校实验室工作直接相关，涉及生命安全、危险性较大的灭菌锅、压力容器（含气瓶）、离心机、切片机等，包含设备所用的材料、附属的安全附件、安全保护装置及相关设施。

4.凡需购置实验室特种设备的实验室或个人，购置前须制定实验室特种设备安全操作规程、事故防范措施和应急预案，指定专门的安全管理人员和作业人员。存放场所须符合安全技术规范要求，安全可靠，防盗措施到位。

5.购置实验室特种设备，须选用国家《特种设备安全监察条例》所许可的设计、生产单位的产品。须符合我国有关特种设备的法律、法规、强制性标准及技术规程的要求。

6.使用单位不得擅自设计、制造和使用自制的特种设备，不得对现有特种设备进行改造或维修。

7.各实验室应定期检查特种设备的安全管理情况及对特种设备安全管理人员和作业人员进行安全技术教育。建立特种设备管理的规章制度，包括安全操作规程、事故防范措施和应急预案。

8.禁用的实验室特种设备：

（1）未经检验、未办理注册登记、未取得特种设备使用登记证明的；

（2）已超过检验日期或已达到报废年限的；

（3）已在安全监督管理部门办理停用手续的；

（4）经检验被判定不合格的；

（5）已发生故障而未排除的；

（6）其他不符合《中华人民共和国特种设备安全法》的。

9.使用实验室或人员应经常对特种设备及其安全附件、安全保护装置、测量调控装置、附属仪器仪表等进行日常维护保养，并定期自检。发现异常时，应及时处理，做好记录。

10.实验室特种设备使用单位应当按照安全技术规范的要求，在检验合格有效期届满前一个月向特种设备检验机构提出定期检验要求。年检周期按国家有关规定执行。

11.在用实验室特种设备发生事故时，事故单位应立即启动应急预案，保护现场，按照学校有关规定处置。凡可能自行扑救的，应立即组织扑救，边扑救边报告。如情况紧急，也可先报警，然后再向学校报告。

12.事故发生后，要及时查明原因，吸取教训，消除隐患。对事故的发生原因、经验教训、处理结果要有书面记载并作为正式文件进入特种设备技术档案。

13. 实验室特种设备到达安全技术规范规定的使用年限，或者虽未到使用年限但存在安全隐患，无改造、维修价值的，使用单位应当立即停止使用并向国有资产管理处提出报废申请，并至特种设备安全监督管理部门办理注销手续。

八、实验室关键岗位持证上岗制度

1. 为保证实验室和仪器安全运行，加强关键岗位实验人员的技术培训、考核和管理工作，规范关键岗位持证上岗行为，提高关键岗位实验人员业务水平和政治素质，特制定本制度。

2. 制定关键岗位培训计划。计划内容包括培训目标、培训内容与方式、保证措施及培训计划表，并进行检查指导。

3. 制定岗位培训计划要有针对性、系统性、可操作性和时效性。

4. 岗位培训坚持长久。培训一次不是一劳永逸，要有层次性、动态性，要在"达标"的基础上继续攀高，使实验人员技能得到提高的时间是"终身"。

5. 岗位培训的方式要灵活多样，切实可行，不搞形式，不走过场。

6. 岗位培训的考核与总结工作。考核要坚持严格、全面的原则，总结中要肯定成绩，发现问题，对岗位培训工作进行全面分析，总结经验，提出改进措施，保证岗位培训工作沿着正确的轨道健康发展。

7. 凡规定需要持证上岗的关键岗位，自规定持证上岗之日起，未经培训并合格的人员一律不得上岗。关键岗位实验人员经岗前培训合格率100％，持证上岗率达到100％。

8. 学生助管进实验室须经实验室安全考核后，方可协助管理实验室。

9. 所有仪器管理人员和操作人员，须经岗前培训，经培训合格后方可使用仪器。操作仪器时须携带仪器使用证。

10. 每年春季或秋季集中办理仪器使用证，临时补办需提供办理申请。

11. 学生需携带学生证方可使用实验室仪器。

九、实验室安全例会制度

1. 为了加强学院实验室安全工作，对各项安全工作及时地计划、布置、检查和总结，及时了解各学院的实验室安全状态，研究解决实验教学中的安全问题，特制定本安全例会制度。

2. 实验室负责人是实验室安全例会的组织者和主持人，实验室须安排工作人员负责会议的记录工作，以及做好会议纪要的起草及下发工作。

3. 安全例会每学期至少举行一次，召开时间定在每学期初、末。如遇到特殊情况可临时更改例会召开时间以及增加会议次数。

4. 会议参加者为实验室全体成员。

5. 会议召开之前由会议组织者负责通知需要参加会议的人员，被通知人员应按时参加会议，做到善始善终，确实不能参加的要在开会之前与组织者说明情况，并得到允许。

6. 会议组织者在会议召开之前，应做好有关资料的准备工作，会议上要讨论研究解决的问题应列出，会议后要下发会议纪要或相关文件资料。

7. 会议主要内容应预先确定，并列入会议议程。除自定研究讨论内容外，还应包括传达学校有关文件及会议精神。

8.回顾、总结、分析本学院安全工作情况，研究、部署、督促、检查各实验室安全工作等。

十、实验室安全经费投入制度

为进一步加强学校实验室安全工作，杜绝安全责任事故发生，确保学校正常的教育教学秩序和学校各项安全工作措施的贯彻落实，为学校安全工作提供必要的物质保障，特制定本制度。

1.学校每学年安排一定比例的实验室安全工作专项经费，用于实验室安全隐患整治、安全知识宣传、事故应急救援培训、危险化学品处理等。

2.各相关学院根据实验室安全管理经费使用支出的规定范围具体如下：
（1）设置、完善、改造和维护安全防护设施设备费用支出；
（2）配备、维护、保养应急救援器材、设备支出和应急演练费用支出；
（3）重大危险源和事故隐患评估、监控和整改费用支出；
（4）配备和更新实验室工作人员安全防护用品的费用支出；
（5）安全生产宣传、教育、培训费用支出；
（6）安全设施及特种设备检测检验费用支出；
（7）其他与实验室安全管理直接相关的费用支出。

3.参与安全检查的工作人员应本着对人民生命财产安全高度负责的态度，认真开展此项工作，做到按时、保质、高效、务实，确保学校的稳定局面。

4.学校应尽力保证安全工作专项经费逐年增加和投入。

十一、实验室危险化学品安全管理制度

（一）总则

1.为了进一步加强对我校危险化学品的安全管理，预防和减少危险化学品事故，切实保障全校师生员工的生命安全和学校财产安全，保护环境，确保教学和科研活动正常进行，根据国家《中华人民共和国安全生产法》《中华人民共和国环境保护法》，国务院《危险化学品安全管理条例》等法律法规的要求，并结合我校实际情况，特制定本规定。

2.本规定所称实验室危险化学品，是指用于实验或实验过程中产生的，具有毒害、腐蚀、爆炸、燃烧、助燃等性质，对人体、设施、环境具有危害的剧毒化学品和其他化学品，具体目录详见国家发布的《危险化学品目录》。《危险化学品目录》由国家根据化学品的危险特性鉴别和分类标准确定、公布，并适时调整。

3.危险化学品安全管理，坚持"安全第一、预防为主、综合治理"的方针，强化和落实危险化学品单位（指申请、采购、储存、使用、处置危险化学品的单位，下同）的主体责任。

4.危险化学品单位应当具备法律、行政法规规定和国家标准、行业标准要求的安全条件，建立、健全安全管理规章制度和岗位安全责任制度，对涉及危险化学品使用和管理的人员进行安全教育、法制教育和岗位技术培训。

5.任何单位和个人不得储存、使用国家禁止生产、经营、使用的危险化学品。

（二）机构管理及职责

1.国家对危险化学品的使用有限制性规定的，任何单位和个人不得违反限制性规定使用危险化学品。

2.学校危险化学品实行校、院两级管理。学校实验室安全工作领导小组负责审议学校危险化学品安全管理相关规章制度、监督和听取有关工作汇报、组织开展综合安全检查等工作。校实验室安全工作领导组办公室（教务处）负责制定学校危险化学品安全管理制度并监督执行。各相关单位负责本单位危险化学品管理工作，并指定专人负责本单位危险化学品的日常管理工作。

3.学校有关部门和单位按照"责任到人、安全监管"的要求，在各自职责范围内履行危险化学品的安全管理和监督检查职责。具体分工如下。

（1）学校实验室安全工作领导组办公室负责制订学校危险化学品管理相关制度，监管危险化学品的采购、储存、使用、处置等管理工作，组织开展危险化学品管理检查督查，指导督促危险化学品安全隐患的整改落实。

（2）实验与计算中心具体负责危险化学品管理工作，建立危险化学品安全管理规章制度并严格执行，落实危险化学品申购、储存、领用、使用、回收、处置的全过程记录和控制制度，确保各类危险化学品在整个使用周期内处于受控状态。

4.负有危险化学品安全监督管理职责的部门应当相互配合、密切协作，依法依规加强对危险化学品的安全监督管理，进行监督检查应采取下列措施：

（1）进入危险化学品作业场所实施现场检查，向有关单位和人员了解情况，查阅、复制有关文件和资料；

（2）发现危险化学品事故隐患，责令立即消除或者限期消除；

（3）对不符合法律、行政法规、规章规定或者国家标准、行业标准要求的设施、设备、装置、器材、运输工具，责令立即停止使用；

（4）发现影响危险化学品安全的违法行为，当场予以纠正或者责令限期改正。

5.任何单位和个人发现违反本办法规定的行为，有权利有义务向负有危险化学品安全监督管理职责的部门举报。负有危险化学品安全监督管理职责的部门接到举报，应当及时处理；对不属于本部门职责的，应当及时移交相关部门处理。

（三）采购与运输

1.危险化学品采购工作必须依照国务院《危险化学品安全管理条例》和公安部发布的《中华人民共和国公共安全行业标准》及药品采购等有关规定进行。危险化学品必须依法向具有相应经营许可或备案资质的危险化学品经营公司采购。

2.各单位应按需采购危险化学品，严禁超量采购，坚持"用多少、申购多少"的原则购置危化品，实行一次采购多次供货，或多次采购多次供货，尽量减少实验室危险化学品的储存量。

3.一般的危险化学品可由二级单位向具有资质的公司采购，本单位危险化学品管理员应做好账物核实工作，并向校实验室安全工作领导组办公室报备。

4.采购剧毒化学品和放射源的单位，应提交采购申请，学院主要负责人签字、盖章，经保卫处和实验室安全工作领导组办公室审查后,报分管校领导批准,向公安机关提出采购申请。获得批准后,申购单位向具有相应资质的公司采购。

5. 采购易制爆、易制毒等管控化学品的单位,应提交采购申请,经单位分管领导同意,报实验室安全工作领导组办公室备案后,向公安机关提出采购申请。获得批准后,申购单位向具有相应资质的公司采购。

6. 任何单位和个人不得违规违法购买、接受或赠送管控危化品。

7. 危化品应由供货商或委托有资质的单位按国家有关危化品运输的相关规定承运,其他部门或个人不得自行运输。严禁随身携带危化品乘坐校车、公交车等公共交通工具。

(四) 危险化学品储存

1. 危险化学品储存点应当符合国家标准、行业标准,并设置明显的标志。储存剧毒、易制毒、易制爆、放射性危险化学品的储存点,应当按照国家有关规定设置相应的技术防范设施。

2. 储存危险化学品的单位,应当根据其储存的危险化学品种类和危险特性,设置相应的监控、通风、防晒、防火、防泄漏、报警等安全设施,并按照国家标准、行业标准或者国家有关规定对安全设施进行经常性维护、保养,保证安全设施的正常使用。储存危险化学品的专用仓库应做好以下防范措施。

(1) 在明显位置张贴警示标识。

(2) 安装坚固的防盗门窗和视频监控系统,监控要覆盖仓库内部及出入口,并保证处于正常工作状态,至少保存图像记录1个月。

(3) 配备符合标准的防爆电器,安装可燃气体监控检漏报警装置,配备消防设施和采取相应的消防安全措施。

(4) 安装通风装置,保持仓库干燥,夏季应该采取隔热降温措施。

(5) 安装避雷设施,并定期检测,确保不发生因雷击引发的事故。

3. 危险化学品的储存方式、方法以及储存数量应当符合国家标准或者国家有关规定,严格分库、分类存放,严禁混放、混装。

(1) 不同品种的危化品必须分类存放,并不得超量储存。库房集中存放时,药品间应保持一定的安全距离,并保持通道畅通。

(2) 危化品保存时要避免混存,化学性质或防护、灭火方法相互抵触的危化品,不得在同一仓库或同一储存室(柜)内存放。即:放射性物品不得与危化品同存一处;氧化剂不得与易燃易爆物品同存一处;炸药不得与易爆物品同存一处;能自燃或遇水燃烧的物品不得与易燃易爆物品同存一处。

(3) 遇水、遇湿容易燃烧、爆炸或产生有毒气体的危化品,不得在露天、潮湿、漏雨和低洼容易积水的地点存放。

(4) 受阳光照射容易燃烧、爆炸或产生有毒气体的危化品和桶装、罐装等易燃液体、气体,应当在阴凉通风地点存放。

(5) 对储存压力气体、液化气体的容器,必须按照压力容器检测的要求,定期进行检测,禁止用检测不合格的容器存储压力气体、液化气体。

4. 危险化学品专用仓库必须由专人管理。管理员须经过培训并考核合格,持证上岗。专用仓库人员进出须登记,无关人员禁止入内。

(五）危险化学品登记

1.危险化学品单位应当实行危险化学品登记制度，为危险化学品安全管理、危险化学品事故预防和应急救援提供技术、信息支持。危险化学品登记信息应当及时报本单位危险化学品负责人和学校实验室安全工作领导组办公室备案。

2.危险化学品登记包括下列内容：

（1）分类和标签信息；

（2）物理、化学性质；

（3）主要用途；

（4）危险特性；

（5）储存、使用、运输的安全要求；

（6）出现危险情况的应急处置措施。

3.危险化学品单位应建立危险化学品账册，对危险化学品的购进、入库、领用、使用、回收、废弃全过程进行严格监管，及时准确做好记录；从事危险化学品登记的人员应当具备危险化学品登记相关知识和能力。

（六）使用与管理

1.危险化学品单位对危险化学品管理必须做到"四无一保"，即无被盗、无事故、无丢失、无违章、保安全。

2.危险化学品单位要明确和细化危险化学品安全监管职责，按照"谁主管、谁负责""谁使用、谁负责"的原则，认真落实"一岗双责"，确保危险化学品使用过程的安全。

3.国家严管的剧毒化学品及易制爆、易制毒化学品和放射源应统一管理，各相关单位应严格落实以"五双"制度（双人保管、双人领取、双人使用、双把锁、双本账）为核心的安全管理制度和各项安全措施。

4.危险化学品单位，应建立领导审批制和安全责任制，做到制度管理、安全第一。

5.教学实验使用的危险化学品，从购买之日起，其使用、储存及废弃处置均由实验室负责人负责；科研项目中使用的危险化学品由科研项目负责人负责。

6.使用危险化学品时，应按需领取，领取量不得超过一个星期工作的需求量。如确需临时存放的，经单位分管领导同意后，选择安全可靠的地方单独存放，并指定专人负责。

7.实验操作人员必须了解危险化学品的性能，熟悉操作规程和办法，认真做好使用记录。

8.危险化学品单位必须经常性地对危险化学品进行账账、账物核对，确保危险化学品在整个使用周期内处于受控状态。

9.危险化学品单位应加强对实验人员的安全教育，建立有效的事故应急处置预案，配备安全事故报警装置，一旦发生安全事故，应及时采取有效的应急措施，防止事态的扩大和蔓延，减少损失。

10.学生在做危险性较大的实验时，如操作易燃易爆品、剧毒品、易制毒品、易制爆品、致病性生物药品以及有高压高温反应的实验等，必须在老师的指导下进行，防止丢失、污染、中毒和其他事故发生。

（七）事故应急救援

1. 危险化学品单位应当制定本单位危险化学品事故应急预案，配备应急救援人员和必要的应急救援器材、设备，并定期组织应急救援演练。危险化学品事故应急预案应报保卫处和实验室安全工作领导组办公室备案。

2. 发生危险化学品事故，事故单位应当立即启动本单位危险化学品事故应急预案，按照事故等级的响应程序，联络、协调、组织实施救援，落实信息报送制度，不得拖延、瞒报。

3. 发生危险化学品事故，有关单位应当按照下列规定，采取必要的应急处置措施，减少事故损失，防止事故蔓延、扩大：

（1）立即组织营救和救治受害人员，疏散、撤离或者采取其他措施保护危害区域内的其他人员；

（2）迅速控制危害源，测定危险化学品的性质、事故的危害区域及危害程度；

（3）针对事故对人体、动植物、土壤、水源、大气造成的现实危害和可能产生的危害，迅速采取封闭、隔离、洗消等措施；

（4）对危险化学品事故造成的环境污染和生态破坏状况进行监测、评估，并采取相应的环境污染治理和生态修复措施；

（5）若发现危险化学品丢失、被盗，应及时向保卫处和实验室安全工作领导组办公室报告，由保卫处报告公安部门，并配合做好相关工作。

4. 相关单位应当为危险化学品事故应急救援提供技术指导和必要协助。

（八）责任追究

1. 对于违反有关规定或有私自储存现象的单位，相关职能部门有权当场纠正，并予以没收有关物品或给予通报批评等处罚。

2. 违反本办法规定的，追究相关单位和个人责任；构成犯罪的，依法追究刑事责任。

（九）附则

1. 本办法适用于学校教学实验所涉及的危险化学品管理。

2. 危化品废弃物管理按照国家和学校有关实验室危险废物规定进行。未经学校和公安机关批准，任何单位和个人不得私自存放或擅自处理危险废物。

3. 在危险化学品安全管理方面，本办法未尽事宜，按国家有关实验室安全法律法规和规章制度执行。

4. 本办法由实验与计算中心负责解释，自学校发布之日起施行。

十二、实验室安全档案及台账管理制度

为确保学院实验室各类安全档案、资料和台账按要求归档、保存，特制定本制度。

1. 建立健全明细账和总账，明细账和总账都要有电子账。

2. 实验室建立时间、地点、面积、柜架数量、桌凳数量等账目，表格、文字形式都可以，要求长期保存。

3. 各类仪器技术资料及说明、实验室管理制度、学生实验守则、教学仪器借用制度、实

验室安全工作制度、使用制度、实验室档案管理制度，要求统一尺寸装框悬挂。

4.实验室管理员资质：最高学历证书复印件、教师资格证书复印件、专业培训结业证书。上述资料长期保存。

5.工作日志：实验教学活动的记录、分析和总结。包括实验时间、实验名称、实验班级、实验课听课教师、实验中出现的问题、处理措施及原因分析、教学仪器、对学生实验过程的观察和分析、对学生进行指导和教育的记录以及学生的反馈信息、实验教学的经验和教训、对实验内容改进和完善的意见等内容。要求保存近三年的。

6.安全资料要保证完整、准确、系统，并进行科学分类。

7.实验室安全资料档案原则上不外借。

8.单位或个人因工作需要查阅或借用有关档案资料的，均按照学院档案管理的有关规定办理查阅或借用手续，并按时归还。

9.超过保存期限的档案资料、记录，应通过学院安全工作领导小组的讨论、鉴定，批准是否实施销毁，销毁应至少两人实施，做好销毁记录。

十三、实验室事故处理和责任追究制度

（一）实验室安全管理责任分级

（1）安全隐患：尚未造成人员和财产损失的情况，但不履行相关安全管理职责，或不按规定执行实验室安全管理规范，或有其他易引发实验室安全事故的情况。

（2）一般事故（Ⅳ级事故）：未造成人员损伤，财产损失不高于1万元的实验室安全事故，或未经许可擅自启用被查封实验室的行为。

（3）中等事故（Ⅲ级事故）：造成人员轻微伤，或财产损失1万元以上10万元（含）以下的实验室安全事故。

（4）严重事故（Ⅱ级事故）：造成人员轻伤，或财产损失10万元以上50万元（含）以下的实验室安全事故；

（5）重大事故（Ⅰ级事故）：造成人员重伤或死亡，或财产损失50万元以上的实验室安全事故。

（二）实验室安全管理责任追责办法与标准

1.学院应建立安全隐患排查机制，杜绝各类安全隐患。对于安全检查中发现的安全隐患，由实验室建设与教务处向学院发布"实验室安全隐患整改通知书"，限期整改；规定整改期内未整改的，将对学院进行通报批评；规定整改期后1个月仍未整改的，查封实验室，排除安全隐患后，方可使用。实验室查封期间造成的教学事故或其他损失，由直接责任人承担。相关人员由学院决定问责方式。

2.实验室发生一般事故（Ⅳ级事故）的，由学院组织进行事故调查，说明事故原因及责任认定结果，报实验室建设与管理处审定后，经领导小组批复，对未能认真履行责任的相关人员，酌情采取以下追责方式：

（1）对于主要领导责任人，要求其做出书面检查。

（2）对于直接责任人及其他相关责任人员，进行全校通报批评。

3.实验室发生中等事故（Ⅲ级事故）的，由实验室建设与管理处协同学院进行事故调查，出具事故调查及责任认定报告，报领导小组审议。对未能认真履行责任的相关人员，酌情采取以下追责方式：

（1）对于主要领导责任人，进行全校通报批评，情节较重的，给予警告处分；情节严重的，给予记过处分。

（2）对于直接责任人及其他相关责任人员，给予警告处分；情节较重的，给予记过处分，情节严重的，给予降低岗位等级或撤职处分；暂停其处分期内评奖评优、专业技术职务晋升或提拔任用等资格。

4.实验室发生严重事故（Ⅱ级事故）的，由学校实验室安全管理领导小组指定成立事故调查组，对事故进行调查，出具事故调查及责任认定报告，报领导小组审议。对未能认真履行责任的相关人员，酌情采取以下追责方式：

（1）对于主要领导责任人，给予警告处分；情节较重的，给予记过处分；情节严重的，给予降低岗位等级或撤职处分。

（2）对于直接责任人及其他相关责任人员，给予记过处分；情节较重的，给予降低岗位等级或撤职处分；情节严重的，给予开除处分；暂停其处分期内评奖评优、专业技术职务晋升或提拔任用等资格。

5.实验室发生重大事故（Ⅰ级事故）的，由学校实验室安全管理领导小组指定成立事故调查组，对事故进行调查，出具事故调查及责任认定报告。对未能认真履行责任的相关人员，酌情采取以下追责方式：

（1）对于主要领导责任人，给予记过处分；情节较重的，给予降低岗位等级或撤职处分；情节严重的，给予开除处分。

（2）对于直接责任人及其他相关责任人员，给予降低岗位等级或撤职处分；情节较重的，给予开除处分；暂停其处分期内评奖评优、专业技术职务晋升或提拔任用等资格。

（3）需要追究法律责任的，按法律规定程序处理。

6.受到纪律处分的，按照学校相关规定，扣除其相应工资。

7.同一人同时承担主要责任人、直接责任人的，按最重追责方式追责。

8.对于学院无能力解决而多次上报要求学校相关职能部门解决，却又因职能部门不作为而长期得不到解决的安全隐患，以及因此而产生的安全事故，按照以上办法，同时追究相关职能部门责任人的责任，并予以处罚。

9.由于科学研究的不确定性，在遵守操作规程，无违规行为情况下，实验室发生安全事故的，可酌情对相关人员从轻或免于处罚。

10.事故发生后，直接责任人能够及时采取正确处置措施，使伤害减少或损失降低的，可酌情从轻处罚；其他人员在确保自身安全的情况下，及时采取有效措施，使伤害减少或损失降低的，应给予奖励。

11.事故发生后，因迟报、瞒报、逃逸等行为，致使伤害或损失扩大，应按照相应追责标准对追责对象从重处罚；隐瞒、掩盖事故原因，推卸责任，故意破坏或伪造事故现场的，应按照相应追责标准对追责对象从重处罚。

12.实验者因违反相关安全法规、安全管理规定、安全操作规程等导致发生的安全事故，由其自行承担后果，赔偿事故造成的财产损失。对于拒绝承担经济赔偿的追责对象，学校有权采取有效措施进行处罚。

13. 引起事故的责任人为学生的,按照《盘锦职业技术学院学生违纪处分规定》给予相应的处分。

14. 实验室安全事故中涉嫌犯罪的,依法移送司法机关。

15. 对于在实验室安全管理工作中违反相关规定的党员领导干部或党组织,按照相关规定处理。

附录6 实验室安全承诺书

实验室安全承诺书

我已经认真学习了《实验室安全手册》,明确实验室安全责任和岗位职责,熟悉实验室各项管理制度和管理要求。本人承诺将牢固树立实验室安全意识和"四不伤害"准则,严格遵守实验室各项安全制度和操作规程,加强安全知识的学习,掌握正确的安全防护应急措施。如因自己违反规定发生安全事故,造成人身伤害和财产损失,我愿承担相应的责任。

本人签字:
年　月　日

参考文献
REFERENCE

[1] 黄开胜.清华大学实验室安全手册[M].北京:清华大学出版社,2019.
[2] 胡洪超,蒋旭红,舒绪刚.实验室安全教程[M].北京:化学工业出版社,2019.
[3] 陈卫华.实验室安全风险控制与管理[M].北京:化学工业出版社,2020.
[4] 赵华绒,方文军,王国平.化学实验室安全与环保手册[M].北京:化学工业出版社,2021.
[5] 蔡乐,曹秋娥,罗茂斌,等.高等学校化学实验室安全基础[M].北京:化学工业出版社,2021.
[6] 孙建之,王敦青,杨敏.化学实验室安全基础[M].北京:化学工业出版社,2021.